ZEITSCHRIFT FÜR ANGEWANDTE GEOLOGIE

HERAUSGEGEBEN VON
DER STAATLICHEN GEOLOGISCHEN KOMMISSION
UND DER ZENTRALEN VORRATSKOMMISSION
DER DEUTSCHEN DEMOKRATISCHEN REPUBLIK

AUS DEM INHALT

AKADEMIE-VERLAG · BERLIN

BAND 6 / HEFT 11
NOVEMBER 1960
SEITE 529—582

	INHALT	СОДЕРЖАНИЕ	CONTENTS	
	Die Große Sozialistische Oktoberrevolution — unser Wegweiser	Великая Социалистическая Октябрьская Революция — вдохновляет нас	The Great Sozialistic October-revolution — Our Guide	529
J. J. Głogoczowski	Ergebnisse der angewandten geochemischen Verfahren bei der Erdölprospektion in Polen	Результаты прикладных геохимических способов при поисках на нефть в Польше	Results of Geochemical Methods Applied in the Prospecting for Petroleum in Poland	530
W. P. Koslow & L. W. Tokarew	Gasbildung in sedimentären Schichten	Масштабы газообразования в осадочных толщах	Formation of Gas in Sedimentary Beds	537
J. A. Bilibin	Die geochemischen Typen orogener Zonen	Геохимические типы орогенических зон	Geochemical Types of Orogenetic Zones	545
D. Händel	Die Betonkieslagerstätte Borna-Ost, eine Lagerstätte im Abraum der Braunkohle	Месторождения бетонного гравия в Борна-Ост — месторождение в кровле бурого угля	The Beton Gravel Deposit at Borna-East, a Deposit Lying in the Overburden of the Brown Coal	549
A. Nestler	Karten, Risse und Pläne als Unterlagen für die Vorratsberechnung von Lagerstätten	Карты, чертежи и планы как материалы для подсчета запасов месторождений	Maps, Drawings and Plans Serving as Documents for Reserve Calculation of Deposits	553
E. Mülot	Begutachtung von Erzlagerstätten und bergbauliche Aufschlußprojektierung	Экспертиза рудных месторождений и проектирование горных выработок	Expert Opinion on Ore Deposits and Mining Exploration Design Work	555
J. Kniesel & R. Ruske	Rohstoffübersichtskarten auf dem Gebiet der Steine und Erden für die Planung der Räte der Bezirke	Обзорные карты сырьевой базы в области строительного и керамического сырья для планирования в советах округов	Raw Material General Maps in the Field of Stones an Earths for District Council Planning Operations	561
W. Martin	Refraktionsseismische Übersichtsmessungen in der Deutschen Demokratischen Republik	Обзорные и специальные сейсмические измерения методом преломленных волн в Германской Демократической Республике	General and Special Measurements with the Seismic Refraction Method in the German Democratic Republic	563
K. Keil	Tatsachen zur Frage der Anwendung von Hydraton im Wasserbau	Факты к вопросу применения специальной глины гидратон в гидротехническом строительстве	Facts Concerning the Use of Hydrated Clay in Hydrotechnics	568
W. Steiner	Werner Franz Wilhelm v. Veltheim, zum 175. Geburtstag am 10. November 1960	К 175-ой годовщине со дня рождения Франца Вильгельма Вернера фон Фельтгейма (10 ноября 1960 г.)	175th Anniversary of the Birth of Franz Wilhelm Werner v. Veltheim, November 10th, 1960	570
H. Ulbrich	Venezuela und die Expansion der deutschen Monopole	Венесуэла и экспансия немецких монополий	Venezuela and the Expansion of German Monopolies	572
F. Stammberger	,,Mit Geologie beschäftigt sich die ganze Partei und das ganze Volk"	Партия и народ занимаются геологией	All the Party and all the People are Engaged in Geology	573

Die Zeitschrift für angewandte Geologie berichtet ständig ausführlich über folgende Arbeitsgebiete: Geologische Grundlagenforschung und Lagerstättenforschung / Methodik der geologischen Erkundung / Ökonomie und Planung der geologischen Erkundung / Technik der geologischen Erkundung / Geologie und Lagerstättenkunde im Ausland / Bibliographie, Verordnungen, Richtlinien, Konferenzen, Personalnachrichten

Die Zeitschrift für angewandte Geologie ist kein Organ einer engen Fachgruppe. Auf ihren Seiten können alle strittigen Fragen der praktischen Geologie behandelt werden. Die Autoren übernehmen für ihre Aufsätze die übliche Verantwortung.

Wilhelm Pieck

1876–1960

Am 7. September 1960 verstarb der Präsident der Deutschen Demokratischen Repubik, Wilhelm Pieck. Mit ihm ist ein großer Humanist und ständiger Mahner zur Erhaltung des Weltfriedens von uns gegangen. Wir verloren in ihm neben dem unerschütterlich vorwärtsschreitenden Staatsmann auch den Vorkämpfer für den Aufbau unserer sozialistischen Wirtschaft. Mit unserer zielstrebigen Arbeit für den Sieg des Sozialismus werden wir den großen Dahingegangenen am besten ehren. Dabei wird uns die Gradlinigkeit, die sein ganzes Wesen auszeichnete und ihn konsequent und gegen alle Widerstände seinen Weg vorwärts schreiten ließ, Beispiel und Ansporn sein.
Die Nachfolge unseres verstorbenen Präsidenten Wilhelm Pieck hat der neugebildete Staatsrat übernommen. Unsere Glückwünsche an seinen Vorsitzenden, Walter Ulbricht, verbinden wir mit der Verpflichtung, alle Kräfte aufzubieten, um die hohen geologischen Ziele des Siebenjahrplans zu erfüllen und überzuerfüllen.

ZEITSCHRIFT FÜR ANGEWANDTE GEOLOGIE

CHEFREDAKTEUR: PROF. DR. E. LANGE

BAND 6 · NOVEMBER 1960 · HEFT 11

Die Große Sozialistische Oktoberrevolution – unser Wegweiser

Zum 43. Male jährt sich in diesem Monat der Tag, an dem im damaligen Petrograd die Geschütze der „Aurora" den Beginn eines neuen Zeitalters der Menschheitsgeschichte laut und eindringlich verkündeten. Die sich anschließenden Ereignisse der Großen Sozialistischen Oktoberrevolution sind untrennbar mit dem Namen von Wladimir Iljitsch Lenin verbunden, dessen 90. Geburtstag wir im April dieses Jahres festlich begingen. Lenin nahm nicht nur die politische Leitung der Revolution fest in seine Hände, er gab auch die richtungweisenden wirtschaftlichen und kulturellen Anweisungen.

Überblicken wir die zurückliegenden 43 Jahre, dann können wir mit Stolz und Freude feststellen, daß das, was dem großen Denker Lenin in der Perspektive als besonders wertvoll erschien, von Tag zu Tag konkretere Gestalt annahm. Das auf Kriege und Profite rücksichtslos hindrängende imperialistische Lager verlor beständig an Kraft und Einfluß in dem gleichen Ausmaß, in dem das sozialistische Lager und die Empörung der vom Kapitalismus Ausgebeuteten innerhalb der imperialistischen Länder wuchsen und erstarkten. Seit dem Sturm auf das Winterpalais vor 43 Jahren ist das inzwischen gewachsene Weltlager der sozialistischen Staaten zum dominierenden Faktor in den internationalen Beziehungen geworden.

Was Lenin und seine Kampfgefährten erstrebten, ist Wirklichkeit geworden oder wird es in Kürze werden. Bald nach der Machtübernahme ließ Lenin das berühmte Elektrifizierungsprogramm ausarbeiten. Die Imperialisten bagatellisierten es als Utopie. Aber Nikita Sergejewitsch Chruschtschow konnte kürzlich vor sowjetischen Kraftwerkbauern voller Genugtuung feststellen:

> *„Unser Land erreichte einen so hohen Stand in der Entwicklung der Wissenschaft, daß wir dazu übergehen können, in den nächsten 15—20 Jahren die von Lenin gestellte Aufgabe der allseitigen Elektrifizierung zu verwirklichen."*

Lenin war es auch, der den hohen wirtschaftlichen Wert der Kursker Magnetanomalie vorausschauend erkannte. Schon 1919 sandte er persönlich die erste Geologengruppe nach Kursk, um die Ursachen der bereits seit Ende des 18. Jahrhunderts bekannten Anomalie zu erforschen. Die späteren Erkundungen, die Jahrzehnte in Anspruch nahmen führten zu der Entdeckung der größten Eisenerzlagerstätte der Welt, die über 600 km lang und über 100 km breit ist Das Dreifache der Vorräte sämtlicher hochwertiger Eisenerzlagerstätten der USA ist in ihr zusammengeballt, mindestens 22 Mrd. t Reicherz betragen ihre Vorräte. 1965 werden ca. 7—9 Mill. t Erz über den Siebenjahrplan hinaus gefördert werden, die Förderung wird dann mehr als 36 Mill. t eines ca. 60prozentigen Erzes erreicht haben.

Auch auf allen anderen Bergbau- und Wirtschaftsgebieten sehen wir gleiche Wachstumstendenzen. Ein Meilenstein des Siebenjahrplans nach dem anderen bleibt hinter den Werktätigen zurück, die ihre Ziele durch ständige Weiterentwicklung von Wissenschaft und Technik erreichen. Mit vollem Recht konnte der Vorsitzende des Staatlichen Wissenschaftlich-Technischen Komitees beim Ministerrat der UdSSR kürzlich die Erfolge, die die Große Sozialistische Oktoberrevolution dem sowjetischen Volke u. a. dadurch gebracht hat, daß sie den Weg für die Entfaltung von Wissenschaft und Technik frei von kapitalistischen Hemmungen machte, folgendermaßen formulieren:

> *„Die Leninsche Politik des ZK der KPdSU, das ständig die Entwicklung von Wissenschaft und Technik zur Festigung der Macht unserer Heimat und zur Verbesserung des Volkswohlstandes fordert, macht die Sowjetunion zum Bannerträger des technischen Fortschritts in der heutigen Welt."*

Das war nur möglich, weil in der Sowjetunion seit der Oktoberrevolution Partei und Werktätige richtig gedacht und kollektiv gehandelt hatten. Auf dem 9. Plenum des ZK der SED sind hieraus die nötigen Schlußfolgerungen gezogen worden, um auch bei uns die Werktätigen intensiver am Aufbau der sozialistischen Wirtschaft zu interessieren. Das Vorbild, das uns die Sowjetunion während der 43 Jahre ihrer Entwicklung gab, wird uns dabei stets von neuem anspornen, und die sowjetischen Erfahrungen werden zur stärksten Stütze unseres eigenen sozialistischen Aufbaus werden.

Ergebnisse der angewandten geochemischen Verfahren bei der Erdölprospektion in Polen[1)]

J. J. Głogoczowski, Kraków

Einleitung

Die im Ausland schon im großen Maße bei der Prospektion auf Erdöl und Erdgas angewandten Verfahren wurden von der Abteilung Geochemie des Erdölinstituts in Kraków entwickelt und bei der Erdölindustrie eingeführt. Diese 1948 gegründete Abteilung des Erdölinstituts befaßt sich mit der Entwicklung der in der modernen Erdölindustrie angewandten geochemischen Verfahren bei der Prospektion auf Erdöl- und Erdgaslagerstätten sowie mit der Lösung einiger Förderprobleme. Somit gehören in ihren Arbeitsbereich alle Probleme der angewandten Erdölgeochemie sowie ausgewählte Zweige der Erdölgeophysik unter besonderer Berücksichtigung der Radioaktivität. Außerdem wurden Arbeiten zur Entwicklung der in der Erdölindustrie angewandten mikrobiologischen Verfahren durchgeführt, die auch kürzlich zur Abwässerreinigung bei den durch Phenole verunreinigten, schädlichen Raffinerieabwässern angewandt wurden. Die von der Abteilung Geochemie entwickelten geochemischen Verfahren umfaßten sowohl Oberflächen- als auch Tiefenuntersuchungen. Die Oberflächenuntersuchungen sollen eine Methodik der Geländearbeiten, der analytischen Arbeiten sowie der Interpretation entwickeln, die später zu einer geochemischen Komplexkartierung führt. Die Tiefenuntersuchungen beschäftigen sich mit der Ausarbeitung analytischer Bestimmungsverfahren für die einzelnen Indikatoren in den Bohrkernen, im Bohrschmand, in Wässern, Gas und Erdöl, die in den Bohrungen angetroffen wurden, sowie mit deren Auswertung zur Korrelation der Erdöl- und Gashorizonte und mit ihrer evtl. Auswertung für eine stratigraphische Korrelation.

Auf dem Gebiet der Erdölgeophysik wurden hauptsächlich Apparaturen und Verfahren für die Deutung der radioaktiven Bohrlochmessungen entwickelt. In letzter Zeit beschäftigte man sich auch mit einigen Problemen der elektrischen Bohrlochmessungen sowie der elektromagnetischen Oberflächenaufnahmen. Folgende Untersuchungsmethoden wurden entwickelt bzw. die aus der Literatur schon bekannten Verfahren den geologischen Gegebenheiten angepaßt:

a) In Bohrkernen oder Bohrklein Bestimmung von:
   1. Bitumina (Extraktions- und Lumineszenzverfahren),
   2. Sulfaten,
   3. freiem Schwefel in den Bitumenextrakten,
   4. Karbonaten,
   5. Chloriden,
   6. p_H im Wasserauszug,
   7. Volumengewicht (nach Breyl),
   8. Spurenelementen,
   9. Einteilung der Bitumina nach der chromatographischen Lumineszenzmethode in Gruppen.

b) Analyse der Gase, besonders in der Bodenluft, auf Gesamtgehalt an Kohlenwasserstoffen, Methan und die sogenannte Fraktion schwerer Kohlenwasserstoffe nach chemischen (Barytapparat) sowie nach physikalischen (elektrische Apparate, die sich auf die Verbrennungswärme stützen) Verfahren. Die Analyse der Erdgase wird zur Ermittlung des Heliumgehalts durchgeführt.

c) Analyse der Oberflächen- und Tiefenwässer für geochemische Zwecke unter Anwendung analytischer Verfahren, mit denen man schnell fast alle chemischen Bestandteile des Wassers ermitteln kann.

d) Differentialthermoanalyse und Röntgenaufnahme von Bohrkernen unter besonderer Berücksichtigung der Tonminerale.

e) Radioaktivitätsuntersuchungen an Gesteinsproben, Wässern und Gasen durch Zählrohrmethoden sowie Wasser- und Gasuntersuchungen nach Verfahren, bei denen die Ionisierung gemessen wird.

f) Qualitative und quantitative Ermittlung der chemischen Bestandteile in Erdölaschen (Spurenelemente im Erdöl) durch spektrographische Verfahren sowie der Erdölgruppenzusammensetzung nach der chromatographischen Lumineszenzmethode.

Geochemische Oberflächenaufnahmen

Die zunächst in einem bekannten erdölführenden Gebiet durchgeführten geochemischen Oberflächenaufnahmen sollten mit der Vermessungstechnik im Gelände vertraut machen sowie die Richtigkeit der aus der Literatur bekannten theoretischen Grundlagen bestätigen. Danach erfolgte eine umfassende geochemische Aufnahme in drei Gebieten unbekannter Erdölführung mit dem Ziel, festzustellen, inwiefern sich diese Methoden für die Erkundung eignen. Weiterhin müssen die Anwendungsbereiche dieser Verfahren sowie alle Faktoren, die unter den geologischen Verhältnissen Polens Einfluß auf die Entstehung geochemischer Anomalien, auf die Erhöhung der Empfindlichkeit und die Leistungsfähigkeit der analytischen Apparatur sowie auf die Verbesserung der Methodik der Interpretation haben, erforscht werden.

1. Geochemische Aufnahme im Bereich eines produktiven Horizontes auf der Antiklinale Potok

Aus dem I. Ciężkowicer Sandstein wird Erdöl mit geringen Gasmengen aus 120—700 m Teufe gefördert. Auf dem von der Aufnahme zu erfassenden Gelände — etwa 6 km² Fläche — wurde ein Meßpunktgitter, bestehend aus 196 Meßpunkten im Abstand von 125 m innerhalb des Profils und 250 m zwischen den Profilen, angelegt.

An den Meßpunkten wurden mit einem Bohrer von 2″ ∅ Bohrungen von etwa 2,5 bis 3,0 m Teufe niedergebracht. In diesen Bohrlöchern wurden mit dem Geiger-Müller-Zähler Gammastrahlungsmessungen durchgeführt und von der Bohrlochsohle mit einer Sonde Bodenproben und Gasproben entnommen. Mittels Chloroformextraktion stellte man den Bitumengehalt der Bodenproben fest. Eine Analyse der Gasproben erfolgte mit einem Barytapparat eigener Konstruktion.

In Abb. 1 sind die Bitumenanomalien und die Anomalien der Gammastrahlung dargestellt. Die Bitumengehalte weisen eine charakteristische Verbreitung auf. Das Gebiet mit den höchsten Bitumengehalten umfaßt von Norden, Westen und Süden in Form eines Halbkreises alle Förderbohrungen dieses Erdölhorizontes. Die Radioaktivitätsanomalie (Gammastrahlung) hat eine ähnliche Verbreitung, ihr Abstand ist jedoch geringer.

Gänzlich abweichende Ergebnisse und nur sehr geringe Unterschiede wurden mittels der Gasanalyse, so-

[1)] Aus: Archiwum Mineralogiczne, Poln. Akad. Wiss., Sekt. Geol., Bd. XX, H. 1 u. 2, S. 231—249, Warschau 1957. Übers.: Hoffmann

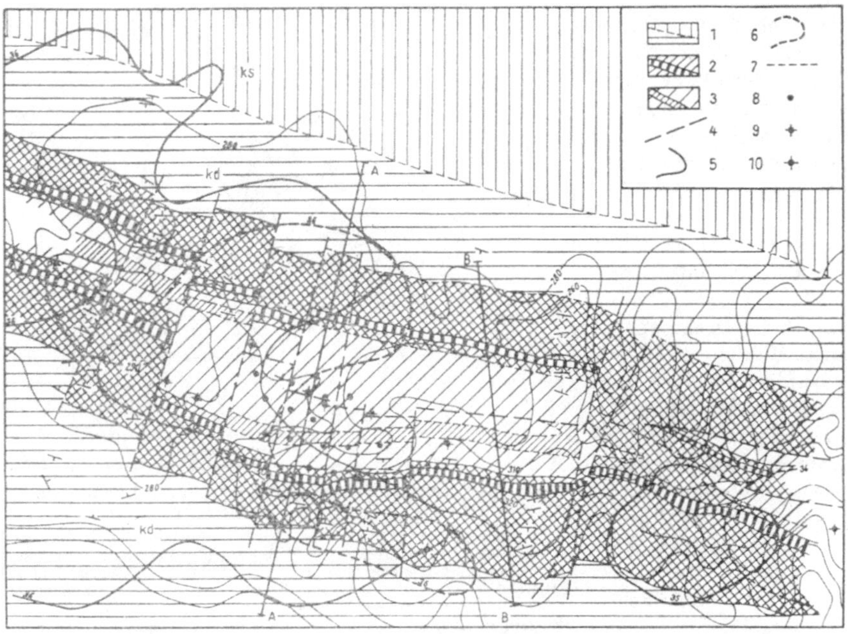

Abb. 1. Geologisch-geochemische Karte vom östlichen Teil der Potok-Falte (nach J. STRZETELSKI)

1 – Krosno-Schichten: kd – Untere Krosno-Schichten, ks – Mittlere Krosno-Schichten; 2 – Menilithschiefer, (2r) mit Hornsteinen; 3 – Eozän, grüne Schiefer (z) mit zwischenge lagerten roten Schiefern (c); 4 – Verwerfungen; 5 – Bitumenanomalie; 6 – Anomalie der Gammastrahlung; 7 – Profillinien; 8 – Förderbohrungen; 9 – aufgegebene Förderbohrungen; 10 – nichtfündige Bohrungen

wohl für die Summe der Kohlenwasserstoffe als auch für die leichte und schwere Fraktion, erzielt.

	maximal	minimal
Summe der Kohlenwasserstoffe	0,0500% Vol.	0,0036% Vol.
leichte Fraktionen	0,0500% Vol.	0,0036% Vol.
schwere Fraktionen	0,0252% Vol.	0,0002% Vol.
Bitumina	0,2196% Gew.	0,0067% Gew.

Die Form der geochemischen Anomalien²) ist der in der Literatur als typisch beschriebenen ähnlich und stimmt mit den theoretischen Annahmen und dem geologischen Bau dieses Gebietes überein. Das Auftreten größerer Bitumengehalte im Ausgehenden der Menilithschiefer läßt sich durch den geologischen Bau dieses Gebietes erklären und ist nicht mit dem Auftreten der Menilithschiefer verknüpft, da in dem großen Gebiet, wo diese Schichten auftreten, kein höherer Bitumengehalt im Untergrund festgestellt wurde. Die etwas verzerrte Form der Anomalie — sie ist im Verhältnis zur Antiklinalachse etwas nach Süden gerückt worden — steht wahrscheinlich mit der Morphologie des Geländes und der Abflußrichtung der Wässer in Zusammenhang. Abb. 2 (Profil quer zur Antiklinalachse) zeigt die Abhängigkeit zwischen Bitumen- und Gasgehalten (Summe der Kohlenwasserstoffe) sowie der Gammastrahlung und dem geologischen Bau. Die Untersuchungen ergaben, daß für die Bewertung der Erdölführung eines Geländes der Bitumengehalt am geeignetsten ist, da er am deutlichsten mit dem geologischen Bau konvergiert.

Das Profil der Gammastrahlungswerte zeigt einen ähnlichen Verlauf, doch ist es etwas weniger deutlich. Die Unterschiede zwischen den Formen der Anomalien beider Indikatoren sind durch den Unterschied der angewandten Untersuchungsmethoden sowie der Indikatoren selbst, besonders wenn man die Gammastrahlung betrachtet, gerechtfertigt.

Die Gammastrahlung kann von den radioaktiven Elementen im örtlichen Gesteinsmaterial stammen, also von autochthonen Elementen, oder von Elementen, die sich bei der Migration angereichert haben, das sind beim Kernzerfall entstehende gasartige Produkte, migrierende gasförmige Bestandteile des Erdölhorizontes oder in Ionenform wandernde wäßrige Lösungen. Gammastrahlenmessungen geben Hinweise auf lithologische Veränderungen sowie auf Migrationswege und -richtungen der gasförmigen Bestandteile des Erdölhorizontes, des Radons und der Wässer.

2. Geochemische Aufnahme im Gebiet der Antiklinalen von Smotryszew und Chelmo

Auf diesem großen, zur geochemischen Kartierung vorgesehenen Gebiet (etwa 160 km²) wurden die Vermessungspunkte in quer zu den beiden Antiklinalen verlaufenden Profilen angesetzt. Die Entfernungen zwischen den Profilen betrugen etwa 1000 m, die Abstände der Meßpunkte in den Profilen 500 m. Die

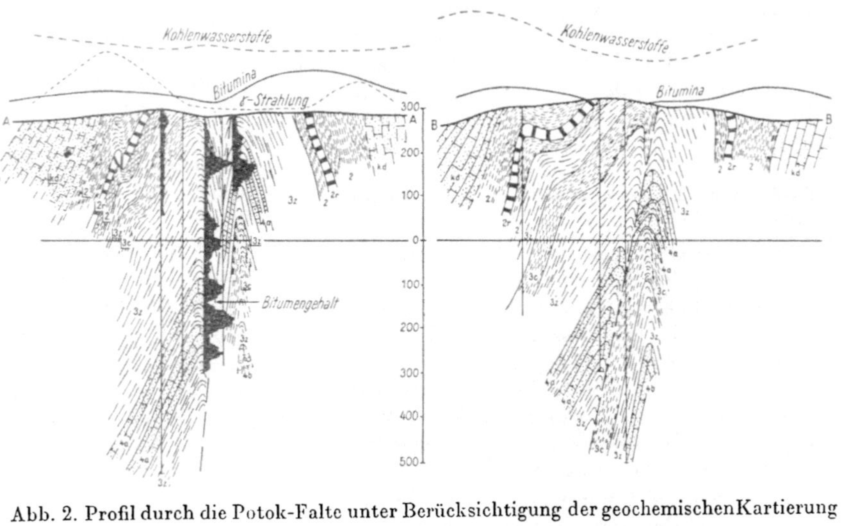

Abb. 2. Profil durch die Potok-Falte unter Berücksichtigung der geochemischen Kartierung

kd – Untere Krosno-Schichten, 2 – Menilithschiefer, 2r – Hornsteine, 3 z – grüne Schiefer, 4 c – rote Schiefer, 4 a – I. Ciężkowicer Sandstein, 4 b – II. Ciężkowicer Sandstein

²) Als Anomalie wird die Erhöhung des Indikatorwertes über den gewöhnlich in Bodenschichten anzutreffenden Durchschnittswert bezeichnet.

Analysen des der ersten Etappe entnommenen Probenmaterials zeigten geochemische Anomalien in der Nähe der Antiklinale von Chelmo. So erfolgte in der zweiten Etappe eine spezielle Aufnahme der Antiklinale Chelmo, wobei ebenfalls das Profilsystem angewandt wurde. Da die Meßpunkte auf Profilen zwischen denen der ersten Etappe angesetzt wurden, erzielte man eine ungefähr gleichmäßige Dichte des Meßpunktnetzes. Die Abstände zwischen den Profilen wechselten von ca. 500 bis 1000 m und betrugen zwischen den Meßpunkten in den Profilen 125 m.

Im Hinblick auf die ziemlich mächtige Decke quartärer Bildungen wurden einige tiefere Bohrungen (10 bis 40 m) niedergebracht und dabei Proben für die geochemischen Untersuchungen entnommen. An den Meßpunkten wurde mit Bohrern von 2″ Durchmesser bis etwa 3 m Teufe gebohrt und Bodenproben aus verschiedenen Teufen sowie Gasproben entnommen. Die Bodenproben wurden auf Gasgehalt und nach dem Chloroformextraktionsverfahren sowie nach der Lumineszenzmethode auf Bitumina untersucht. Die Gasproben wurden in Barytapparaten analysiert. Nachstehend sind die ermittelten Gehalte angeführt:

	maximal	minimal
Summe der Kohlenwasserstoffe	0,0480% Vol.	0,0050% Vol.
leichte Fraktionen (Methan)	0,0282% Vol.	0,0064% Vol.
schwere Fraktionen	0,0178% Vol.	0,0002% Vol.
Bitumina (Extr.)	0,0728% Gew.	0,0012% Gew.
Bitumina (Lumin.)	0,0700% Gew.	Spuren

Weiterhin untersuchte man die im Aufnahmegebiet auftretenden Oberflächenwässer.

In Abb. 3 sind die im Gebiet der Antiklinale Chelmo auftretenden geochemischen Anomalien sowie die gegenseitige Abhängigkeit der erforschten Indikatoren angegeben. Charakteristisch ist die Gruppierung aller anomalen Werte im mittleren Teil der Struktur, der von einer mächtigen Verwerfung durchsetzt ist. Die Konzentration der geochemischen Anomalien (Gasgehalt, Bitumengehalt nach Extraktions- und Lumineszenzverfahren sowie hydrochemische Indikatoren) läßt auf eine eventuelle Erdöl- oder Gasführung des Gebietes schließen. Ähnlich wie im Gebiet der Antiklinale von Potok zeigt der Gasgehalt keine deutliche Differenzierung, jedoch die meisten hohen Werte treten in der Nähe der Faltenachse und der Störungslinie auf. Die Bitumenanomalie hat dagegen eine deutliche Verbreitung. Allerdings wurden in diesem Gebiet bisher noch keine Tiefbohrungen niedergebracht, die die Richtigkeit der angegebenen Vermutungen bestätigen können.

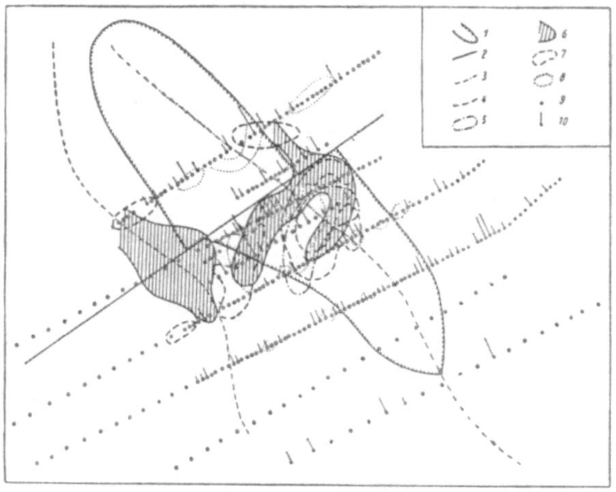

Abb. 3. Geochemische Karte der Antiklinale Chelmo (nach J. STRZETELSKI)

1 – Ausbiß der jurassischen Schichten, 2 – Verwerfungen, 3 – Achse des gravimetrischen Maximums, 4 – Achse des gravimetrischen Minimums, 5 – Gebiet der maximalen Wassermineralisierung, 6 – Bitumenanomalie (Lumineszenz), 7 – Bitumenanomalie (Extraktion), 8 – Gasanomalie (Summe der Kohlenwasserstoffe), 9 – Meßpunkte

Die von den Meßpunkten ausgehenden Striche bezeichnen den Gehalt an gasförmigen schweren Kohlenwasserstoffen, wobei eine Strichlänge von 5 mm = 0,01% Gehalt, umgerechnet auf CO_2, entspricht.

3. Geochemische Oberflächenaufnahme der Falte von Skalnik (Karpaten)

In diesem Gebiet heben sich die Bitumenanomalien gut vom störenden Hintergrund ab. Die Ergebnisse der Gas- und Gammastrahlenmethode sind aber schwieriger zu interpretieren. Die Messungen in diesem ungefähr 12 km² großen Gebiet erfolgten in zwei Etappen mit einem Jahr Abstand. Die Meßpunkte wurden in einem dichten Raster angelegt, wobei sich ihre Entfernung zu den quer zur Faltenachse angelegten Profilen von 250 m auf den Flanken bis zu 50 m in Achsennähe bewegte.

An der Sohle des mit einem 2″-∅-Bohrer niedergebrachten Bohrloches wurden vom Untergrund Proben entnommen, bei denen die Bitumina nach der Lumineszenzmethode ermittelt werden sollten. An den weiterhin aus jedem Bohrloch entnommenen Gasproben bestimmte man mittels Baryt- und elektrischer Apparatur den Kohlenwasserstoffgehalt. Außerdem wurde in den Bohrlöchern die Gammastrahlung gemessen.

Die Bitumenanomalie zeigt Längsform und tritt in der Nähe der Faltenachse auf. Dabei ist zu beachten, daß Anomalie und Dislokation im nördlichen Teil dieser Einheit in ihrer Querverschiebung übereinstimmen.

Die Gas- und Gammastrahlungsanomalien sind dieser Form entsprechend verteilt. Doch sind sie weder dicht noch so kontrastreich wie die Bitumenanomalien. Die Gasindikation weist eine gewisse Konvergenz mit den Querstörungen, die radioaktive Indikation (für Gammastrahlung) eine wahrscheinlich durch das örtliche Gesteinsmaterial hervorgerufene große Veränderlichkeit auf.

Folgende Maximal- und Minimalgehalte wurden ermittelt:

	maximal	minimal
Summe der Kohlenwasserstoffe	0,3366% Vol.	0,0065% Vol.
leichte Fraktion (Methan)	0,1052% Vol.	0,0015% Vol.
schwere Fraktion	0,2547% Vol.	0,0001% Vol.
Bitumina (Lumineszenz)	0,200 % Gew.	Spuren

Die in diesem Gebiet niedergebrachten Bohrungen trafen auf mit leichtem Erdöl gesättigte Schichten. Weitere Bohr- und geologische Ergänzungsarbeiten sollen durchgeführt werden.

4. Das im Gebiet von Zółcza angewandte Aufnahmeverfahren

Aus diesem Gebiet sind seit einigen Jahren Erdölaustritte bekannt. Die bisherigen Bohrarbeiten haben aber zu keinen Funden geführt. Auf einem sehr großen, etwa 1600 km² umfassenden Gebiet wurde nun die geochemische Komplexkartierung angewandt. Dabei wurden die verschiedenen Indikatoren für die Erdölführung untersucht, z. B. Bitumina (nach dem Extraktions- sowie Lumineszenzverfahren), freier Schwefel, Sulfate, Chloride, das Redoxpotential sowie die gasförmigen Kohlenwasserstoffe. Außerdem erfolgte eine hydrochemische Aufnahme der Oberflächenwässer und an einigen Punkten des Gebietes eine Untersuchung der Bakterienflora.

Auch hier wurden die Arbeiten in zwei Etappen durchgeführt. Zunächst erkundete man das gesamte, ungefähr 1600 km² umfassende Gebiet, wobei die Vermessungspunkte längs des Wegenetzes mit einem Abstand von 400 m angelegt wurden. Für die folgende geochemische Spezialaufnahme wurde ein 30 km² großes Gebiet ausgewählt.

An den Meßpunkten der ersten wie auch der zweiten Etappe wurden aus den mit dem 2″-∅-Bohrer niedergebrachten Bohrungen aus 30, 50, 100, 250 cm Teufe Bodenproben und an einigen Punkten Gasproben entnommen. Infolge der starken Wasserführung des Geländes war die Gasentnahme schwierig.

Erstmalig wurde hier ein neuer Indikator für Erdölführung, das Auftreten von freiem Schwefel im Boden, bei gleichzeitiger Bestimmung der Sulfatgehalte, angewandt. Die Anomalien des Gehalts an freiem Schwefel nähern sich in Form und Verbreitung den Bitumenanomalien. Im ganzen Aufnahmegebiet wurde an den Stellen, die höhere Gehalte an freiem Schwefel aufweisen, eine charakteristische Verringerung der Sulfatgehalte beobachtet. Die gegenseitige Abhängigkeit, bei gleichzeitiger Konvergenz mit der Bitumenverbreitung, gestattet eine positive Bewertung des neuen Indikators.

Auf Grund der geochemischen Kartierung konnten zwei Gebiete ausgeschieden werden, die mit größter Wahrscheinlichkeit erdölführend sind. Allerdings liegen diese nicht in der Nähe der bekannten Erdölaustritte; in deren Bereich tritt nur eine kleine, zweitrangige Anomalie auf.

Die mit Hilfe der geochemischen Kartierung festgestellte Lage der beiden wahrscheinlich erdölführenden Gebiete stimmt mit den Ergebnissen der seismischen Untersuchungen überein.

Die Ergebnisse der in den verschiedenen Gebieten durchgeführten geochemischen Aufnahmen lassen folgende Aussagen zu:

a) Geochemische Oberflächenaufnahmen, insbesondere die geochemische Komplexkartierung, sind Prospektionsverfahren, die eine relative Bewertung der Erdölführung des Geländes ermöglichen.

b) Von den bisher in Polen erforschten geochemischen Indikatoren wurden die besten Ergebnisse mittels der Bitumenmethode erzielt. Ob Indikatoren des freien Schwefels ebenfalls günstige Ergebnisse zeigen, wie es jetzt der Fall zu sein scheint, muß durch weitere Untersuchungen noch bestätigt werden.

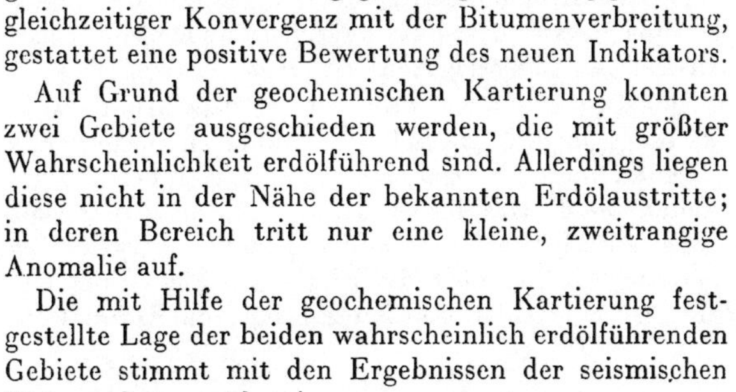

Abb. 4. Chemische Charakteristik der Oberflächenwässer der Antiklinale von Grabownica

1 — Natriumsulfattyp, 2 — Natriumbikarbonattyp, 3 — Schwefelwasserstofftyp, 4 — höhere Werte des Reduktionskoeffizienten „R", 5 — Kalziumchloridtyp, 6 — Wasserspeicher

c) Die übrigen Indikatoren — Gas- und Gammastrahlenmethode — erfordern noch zusätzliche Versuche sowie besonders die Entwicklung neuer, genauerer und empfindlicherer analytischer Meßverfahren.

d) Es kann möglich sein, daß die Gasmethode infolge der angewendeten nur wenig empfindlichen analytischen Verfahren bisher keine sicheren Ergebnisse brachte. Weitere Untersuchungen müßten unter Anwendung selektiver Bestimmungsverfahren für die einzelnen Kohlenwasserstoffe und andere Bestandteile des freien Gases im Untergrund, das auf der Oberfläche der Gesteinskörnchen adsorbierte Gas sowie das in den Wässern gelöste Gas durchgeführt werden (z. B. Chromatographie und Massenspektrometrie bzw. die gleichzeitige Anwendung weiterer Verfahren).

Hydrochemische Aufnahmen

Ein weiterer Untersuchungszweig der angewandten Erdölgeochemie ist die sogenannte hydrochemische Aufnahme.

Im ersten Abschnitt der Erkundung wurden folgende sich durch den geologischen Bau unterscheidende Gebiete hydrochemisch kartiert: das Flyschgebiet (in der Nähe eines produktiven Erdölhorizontes), das Miozänbecken des Karpatenvorlandes, dessen Erdöl- bzw. Erdgasführung im Gebiet der Antiklinalen von Smotryszew und Chelmo unbekannt ist. Mit diesen Untersuchungen sollte Material über die Abhängigkeit der chemischen Bestandteile der Oberflächenwässer vom Untergrund gesammelt werden. Jedoch wurden nur

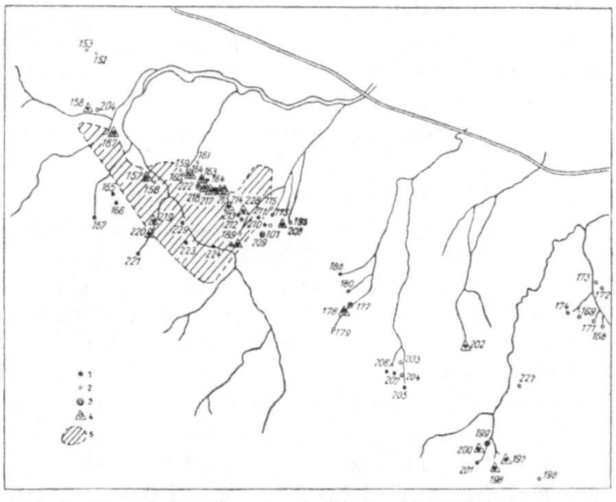

Abb. 5. Chemische Charakteristik der Oberflächenwässer in der Nähe der Magura-Überschiebung

1 — Natriumbikarbonattyp, 2 — Natriumsulfattyp, 3 — Schwefelwasserstofftyp, 4 — höhere Werte des Reduktionskoeffizienten „R", 5 — Gebiet der Verwerfung des erdölführenden Horizonts durch die Magura-Störung

für die Antiklinale Chelmo hydrochemische Karten ausgearbeitet (Abb. 3). Der zweite Abschnitt umfaßt die hydrochemische Spezialaufnahme in einigen wegen ihrer Erdölführung bekannten geologischen Einheiten.

1. Die hydrochemische Aufnahme im Gebiet der Antiklinale Grabownica zeigte, daß gewisse Beziehungen zwischen einem genetischen Wassertypus und dem geologischen Bau sowie mit dem Erdölhorizont, mit dem sie im Kontakt stehen, vorhanden sind (Abb. 4). Die schwefelwasserstoffhaltigen und die Natriumbikarbonat-Wässer, die Sulfatreduktionserscheinungen aufweisen, treten in der Nähe der Grenze des Erdölhorizontes auf. Fünf von den sechs gefundenen schwefelwasserstoffhaltigen Wässern sind unmittelbar mit der Kontur der Erdölführung verknüpft. Die vom Erdölhorizont weiter entfernten Wässer oder die, welche keinen direkten Kontakt mit dem Erdölhorizont haben, besitzen einen anderen chemischen Charakter, insbesondere einen anderen genetischen Typ.

2. Die hydrochemische Aufnahme auf einer Antiklinale in der Nähe der Maguraüberschiebung (Abb. 5) brachte eben-

falls ein interessantes und für die Praxis wichtiges Ergebnis. Es scheint, als ob es auf Grund der chemischen Zusammensetzung der Wässer in diesem Gebiet möglich ist, Schlüsse über die unter der Magurafaltendecke herrschenden geologischen Verhältnisse zu ziehen. Die in diesem Gebiet an der Grenze der Maguraüberschiebung auftretenden Wässer, die infolge des durch die Überschiebung abgerissenen Deckgebirges direkt mit dem aufgeschlossenen produktiven Horizont im Kontakt stehen, weisen eine deutliche Erhöhung der Reduktionserscheinungen auf, sie gehören vorwiegend zum Natriumbikarbonat-Typ, besitzen einen hohen Reduktionsfaktor „R"[3]) und enthalten meist Schwefelwasserstoff.

3. Die auf einem großen Gebiet in der Nähe der Aussickerungen bei Żołcza zusammen mit der geochemischen Prospektionskartierung durchgeführte hydrochemische Aufnahme ergab reiches Material. Die in diesem Gebiet vorkommenden verschiedenartigen Wassertypen lassen Schlüsse über die geologischen Tiefenverhältnisse zu. Die Charakteristik der Wässer deckt sich im allgemeinen mit der Verbreitung der übrigen geochemischen Anomalien, vor allem mit dem Gehalt an Bitumen und freiem Schwefel im Untergrund.

Eine abschließende Auswertung der Ergebnisse wurde jedoch noch nicht durchgeführt. Bei einer Überprüfung der Ergebnisse der über 400 Wasseranalysen (die Wasserproben wurden hauptsächlich aus Gebieten entnommen, in denen Erdölvorkommen bekannt sind) ist aber festzustellen, daß die hydrochemische Aufnahme zur Lösung von Problemen der Erdölführung gut geeignet ist und auch wichtige Hinweise auf den geologischen Tiefenbau geben kann.

Man sollte aber beachten, daß das Auftreten von Wässern mit charakteristischen Merkmalen für Erdölgebiete nur einer der positiven Indikatoren ist und nicht immer das Vorkommen eines Erdölhorizontes anzeigen muß.

Nicht alle von SULIN und SUCHARIEW angegebenen Kriterien der Erdölführung haben für die polnischen geologischen Verhältnisse ähnliche Bedeutung, zumal auch die in polnischen Erdölgebieten angetroffenen Wässer in ihrer chemischen Zusammensetzung von den Wässern abweichen, die in der Sowjetunion unter ähnlichen Verhältnissen auftreten.

Die Oberflächenwässer in den polnischen Erdölgebieten gehören im allgemeinen zum Natriumbikarbonat-Typ, sie enthalten häufig Schwefelwasserstoff und haben einen hohen Reduktionskoeffizienten „R". Viele dieser Wässer besitzen niedrige Sulfatgehalte, was auf einen Reduktionsvorgang in diesen Wässern deutet. Der Kohlendioxyd- und Bikarbonatgehalt liegt dann gewöhnlich zwei- bis dreimal höher als in den anderen Wässern. Die Wässer zeigen eine bedeutende Mineralisierung von einigen zehn Milligramm Äquivalentgewicht an Ionen je Liter. Der Bitumengehalt ist veränderlich. Spektrographisch wurden die Spurenelemente V, Fe, Cu, Al, Sr, Ba, Mn ermittelt.[4])

Mikrobiologische Untersuchungen

Die Untersuchungen der Anwendungsmöglichkeit mikrobiologischer Verfahren bei der Erdölprospektion gliedern sich in zwei Gruppen:

1. Aufsuchen gewisser Bakterientypen (Kolonien), die Kohlenwasserstoffe im Ober- und Unterboden oxydieren;

2. Beobachtung der Entwicklung spezieller symptomatischer Bakterienstämme bei Vorhandensein von Spuren an Kohlenwasserstoffen in der Boden- und Unterbodenluft.

Bei den Geländeuntersuchungen wurde nachgewiesen, daß in Gebieten, in denen Gasexhalationen auftreten, eine spezifische Bakterienflora vorhanden ist, die als einzige Kohlenstoffquelle für ihre Entwicklung gasförmige Kohlenwasserstoffe (Methan, Propan) zur Verfügung hat.

Obwohl einige positive Ergebnisse erzielt wurden, ist das zweite Verfahren für die Praxis nicht ausreichend, da die Ansiedelung der Indikatorstämme in den Bohrlöchern infolge der notwendigen längeren Geländebeobachtungen (bis zu einem Monat) und der häufigen Vernichtung der Bakterienstämme durch Überflutung usw. ungünstig ist. Trotzdem werden diese Untersuchungsverfahren im Laboratorium und im Gelände weiterentwickelt.

Geochemische Tiefenuntersuchungen

Ganz anderer Art als die bisher erwähnten Untersuchungsverfahren sind die sogenannten geochemischen Bohrlochprofilierungen für eine stratigraphische Korrelation sowie zur Bewertung der Erdöl- bzw. Gasführung eines Gebiets, die Korrelation der Wasser-, Gas- oder Erdölhorizonte auf Grund ihrer Zusammensetzung sowie der physikalischen und physikalisch-chemischen Eigenschaften.

Bei Beginn dieser Arbeiten wurden hauptsächlich leistungsfähige analytische Verfahren entwickelt, d. h. Verfahren mit genügender Empfindlichkeit bei geringem Zeitaufwand. Das bisher gesammelte statistische Material aus über 5000 untersuchten Bohrkernproben läßt gewisse Schlüsse über die Eignung der einzelnen geochemischen Indikatoren zur Lösung von Korrelations-

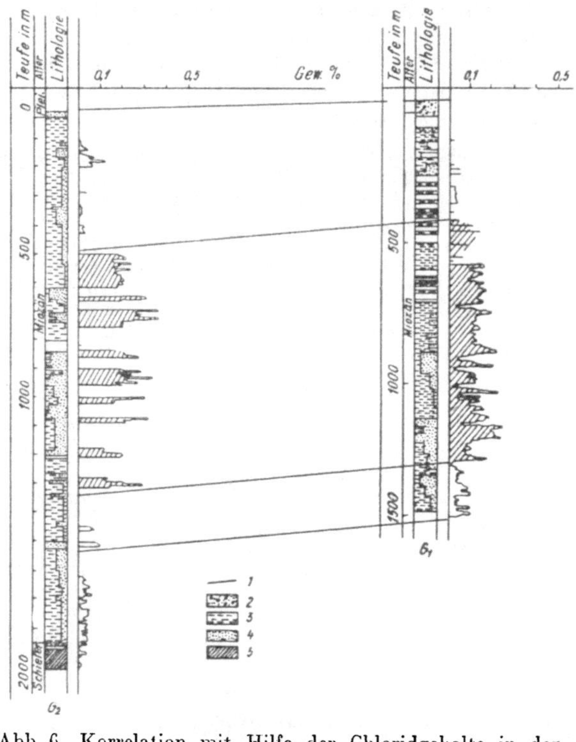

Abb. 6. Korrelation mit Hilfe der Chloridgehalte in den Kernen I

1 — Korrelationslinien, 2 — Konglomerate, 3 — Ton, 4 — Sand, 5 — metamorphe Schiefer unbestimmten Alters

[3]) Reduktionskoeffizient „R" $= \frac{Na' - Cl'}{SO''_4}$

[4]) Die im Jahre 1956 durchgeführte hydrochemische Aufnahme in den Gebieten Inowrocław und Rachowo zeigte ebenfalls einen Zusammenhang zwischen chemischer Zusammensetzung und geologischem Tiefenbau. Ergebnisse dieser Untersuchung bilden die Grundlage bei der Ausarbeitung von Kriterien über die Abhängigkeit des hydrochemischen Bildes von den tieferen geologischen Verhältnissen und den Lagerstättenverhältnissen.

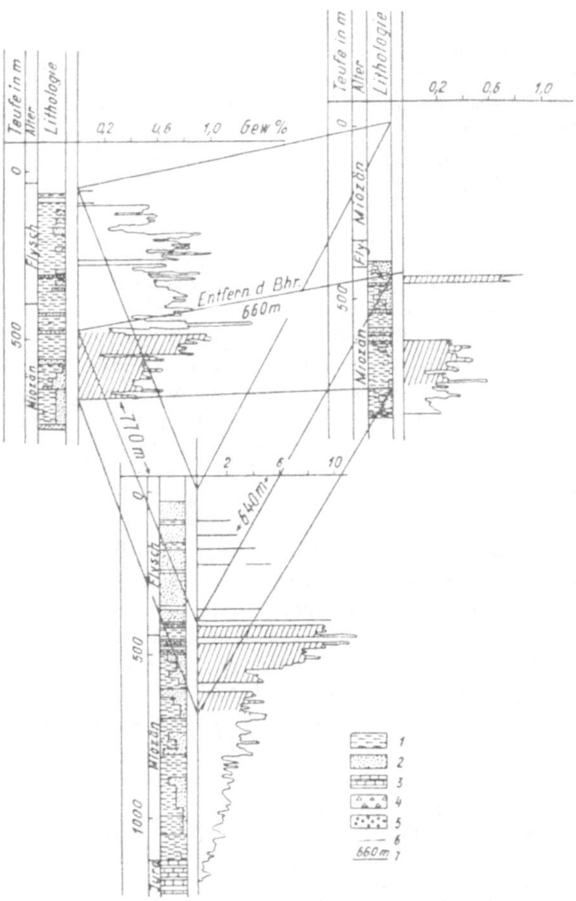

Abb. 7. Korrelation mit Hilfe der Chloridgehalte in den Kernen II

1 – Ton, 2 – Sand, 3 – Kalk, 4 – Salz, 5 – Konglomerate, 6 – Korrelationslinien, 7 – Entfernung der Bohrungen

problemen unter bestimmten geologischen Verhältnissen zu.

Unter anderem wurde ein sehr charakteristisches Verhalten der Chloridgehalte in den Bohrkernen aus dem Miozän des Karpatenvorlandes festgestellt. Die geochemischen Profile dieses Gebietes zeigen, daß der Chloridgehalt fast allen von den Korrelationsindikatoren verlangten Bedingungen entspricht und damit einen wertvollen Parameter bei der geologischen Korrelation der miozänen Horizonte bildet.

Als Beispiel führt Verf. eine in zwei Bohrlochkomplexen durchgeführte Korrelation von Horizonten an:

1. In den Bohrungen G_1 und G_2, die ungefähr 600 m voneinander entfernt liegen (Abb. 6), können auf Grund des Chloridgehalts drei Schichten ausgesondert werden: die obere, bis etwa 500 m Teufe reichende Schicht mit einem verhältnismäßig geringen Salzgehalt von 0,05% Gew., die zwischen 500 und 1300 m Teufe liegende mittlere Schicht mit einem hohen Salzgehalt von 0,2% Gew. sowie die untere Schicht mit niedrigem Salzgehalt von 0,07% Gew. In der Bohrung G_2 fällt der Salzgehalt unterhalb dieser Teufe auf 0,05 Gewichtsprozente.

2. In drei anderen Bohrungen verhält sich dieser Indikator ganz anders (Abb. 7). Von einem Wert unter 0,1% Gew. im Liegenden des Miozäns steigt der Salzgehalt allmählich bis auf 1% Gew. im Hangenden, das von einer Flysch-Schicht überdeckt ist, an. Diese allmähliche Veränderlichkeit läßt sich in allen drei Bohrungen leicht beobachten. Die Entfernungen zwischen den Bohrungen betragen 660, 770 und 640 m.

Aus diesen Beispielen ist ersichtlich, daß sich dieser Indikator wohl für lokale Korrelationen bei geringen Entfernungen eignet, aber nicht bei Schichtenkorrelationen weit voneinander entfernter Bohrungen (wie in unserem Falle ungefähr 120 km).

Bei Bohrungen, in denen mehrere Ölhorizonte durchbohrt werden, ist das Verhalten der Bitumina als Anzeiger für die Erdölführung charakteristisch. Jede Annäherung an einen Ölhorizont kündet sich durch allmähliche Zunahme des Bitumengehalts an, der dann im Raum des Horizontes selbst das lokale Maximum erreicht. Mit diesem Indikator kann man jeden, ja sogar einen unproduktiven Horizont genau herausfinden, was ebenfalls für eine Korrelation von großer Bedeutung ist. Abb. 2 zeigt die Bitumengehalte in Bohrprofilen eines Förderbetriebes auf der Potok-Falte.

Die auf Grund der übrigen Indikatoren, wie Sulfate, Karbonate, p_H-Wert und Volumengewicht, aufgestellten Bohrprofile weisen gewöhnlich charakteristische Veränderungen auf, die mit dem petrographischen Charakter der durchteuften Schichten in Zusammenhang stehen.

Der bisher in der Literatur unbekannte Indikator für „freien Schwefel" kann sowohl für Korrelationszwecke als auch bei der Bestimmung der Erdöl- oder Gasführung angewandt werden. Er gibt ebenfalls Hinweise auf den Charakter des Gesteinsraumes; denn man kann durch Beobachtungen seines Verhaltens Schlüsse hinsichtlich der Art der Veränderungen, denen die wandernden Kohlenwasserstoffe im gegebenen Raum unterliegen, ziehen (vgl. Abb. 8).

Einen besonderen Untersuchungszweig stellt die sogenannte spektrochemische Bohrlochprofilierung dar, die — nachdem eine Methodik für die analytischen Arbeiten entwickelt worden war — 1. bei der Horizontierung der Krosnoschichten sowie 2. bei der Horizontierung der Schichten des Miozäns im Karpatenvorland angewandt wurde.

Im ersten Falle wurden die Kernproben von einigen Bohrungen in der zentralen Karpatendepression untersucht. Die Mächtigkeit der Krosnoschichten betrug hier über 2000 m. Folgende Elemente wurden in den Spektogrammen ermittelt: Si, Al, Ca, Mg, Mn, Ti, Zr, V, Ni, Cr.

In den spektographischen Profilen dieser Bohrungen ist deutlich eine zyklische Sedimentation der Krosno-

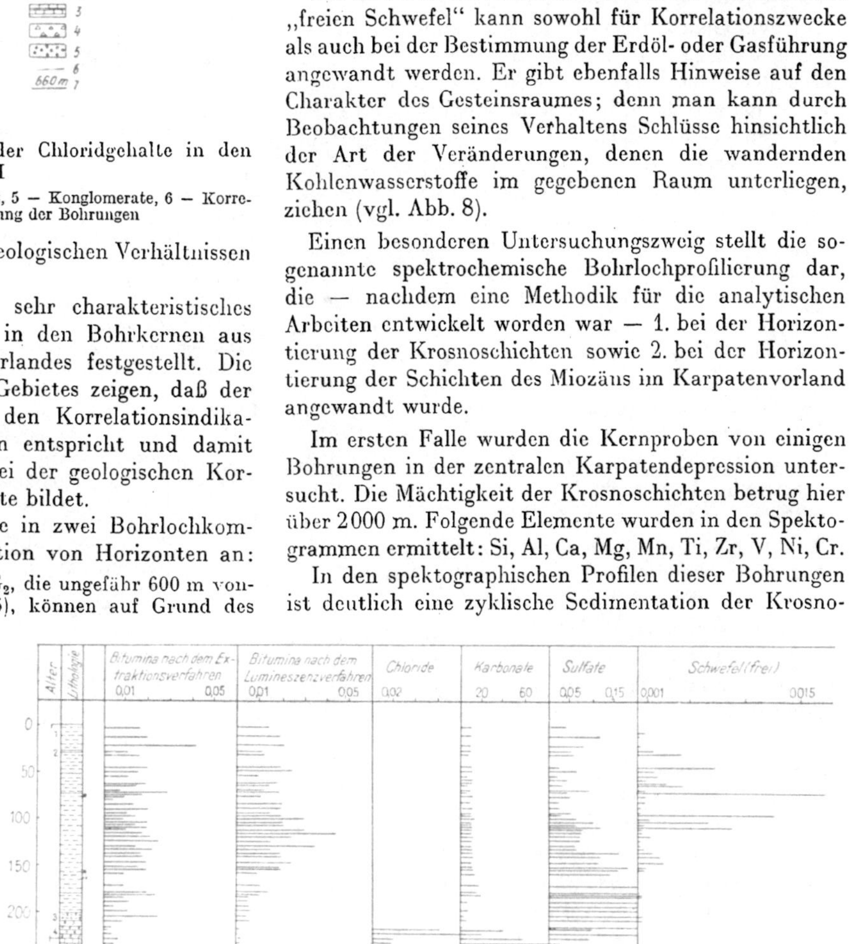

Abb. 8. Geochemische Profile der Bohrung S

1 – Tonschiefer, 2 – Sandsteine, 3 – Anhydrite, 4 – Kalksteine

schichten zu erkennen. Das bezieht sich besonders auf die Elemente Mn, Ti, Zr und V.

Dagegen wurden in den untersuchten Profilen keine Veränderungen in den Gehalten an diesen Grundstoffen, die man zur Erleichterung der stratigraphischen Korrelation als charakteristische Leithorizonte in diesen Schichten auswerten könnte, gefunden.

Im zweiten Falle wurden Bohrkerne aus den in der Bucht von Gdów niedergebrachten Bohrungen untersucht. Die spektrochemischen Profile zeichnen sich auf den ersten Blick durch große Eintönigkeit aus. Nach genaueren Untersuchungen der gewonnenen spektrochemischen Profile ist jedoch die Ausgliederung eines in der Nähe einer geringmächtigen Tuffiteinlage auftretenden Leithorizontes möglich, der sich durch höheren Vanadiumgehalt sowie durch wechselnde Gehalte an Nickel, Chrom, Magnesium und Kalzium auszeichnet.

Während der Untersuchungsarbeiten wurde festgestellt, daß auch die Spülung — die in einer der Bohrungen wegen auftretender Gase durch Barytzusatz beschwert wurde — die spektrochemischen Profile ungünstig beeinflussen kann. Der Zusatz des praktisch wasserunlöslichen Bariumsalzes verursachte in den Proben der ganzen Serie das Auftreten größerer Bariummengen. Erst durch einen Vergleich der Ergebnisse der spektrochemischen Untersuchungen mit dem Bohrtagebuch konnte eine falsche Interpretation des Bariumprofils dieser Bohrung vermieden werden.

Auf dem Gebiet der Bohrlochprofilierung wurde zur Untersuchung der Bohrkerne ein vereinfachtes Verfahren der Differentialthermoanalyse entwickelt sowie eine Anlage zur thermischen Analyse im vollen Temperaturbereich nach eigener Konstruktion hergestellt. Dieses Verfahren ist, wie Versuche zeigten, für die Korrelation von Schichten in geringen Entfernungen geeignet. Bei regionaler Anwendung dagegen können Fragen der Sedimentologie bearbeitet werden, die die damals im Sedimentationsraum herrschenden Verhältnisse und die späteren diagenetischen Umwandlungen der Sedimente deuten helfen. Da man mittels dieses Verfahrens sehr schnell den petrographischen Charakter der Gesteine bestimmen und alle sogar mikroskopisch unsichtbaren Unterschiede feststellen kann, außerdem für die Analyse nur das durch die Spülung an die Oberfläche heraufgebrachte Bohrklein auszuwerten braucht, ist es möglich, das zeitraubende Kernen der Bohrungen auf ein Minimum herabzusetzen.

Weiterhin wurden Untersuchungen über die Möglichkeit einer geochemischen Korrelation bei Wasser-, Erdöl- und Gashorizonten durchgeführt.

Auf dem Gebiet der Hydrochemie erfolgte eine Bearbeitung der Tiefenwässer einiger Erdölfelder, und zwar wurden die ermittelten Unterschiede ihrer chemischen Zusammensetzung bei der Korrelation der Horizonte ausgewertet.

Eine Korrelation der Gashorizonte war durch Auswertung des Heliumgehalts im Erdgas möglich. Gegenwärtig wird an der Möglichkeit einer Korrelation auf Grund des Radongehalts gearbeitet.

Die Korrelation der Erdölhorizonte konnte ebenfalls erfolgreich durchgeführt werden, wobei in erster Linie die physikalisch-chemischen Erdöleigenschaften sowie die Gehalte der in Erdölaschen spektrographisch ermittelten Spurenelemente ausgewertet wurden. Schließlich wurde der Umfang der geochemischen Profilierung durch Anwendung von Schnellverfahren zur Bestimmung von Ca und Mg in Bohrkernen, des Oxydations- und Reduktionspotentials, von Jod (nach dem polarographischen Verfahren) und der Humussäuren erweitert. Die Differentialthermoanalyse wurde bei der Korrelation in Karbonatgesteinskomplexen ebenfalls mit positivem Resultat angewandt.

Schlußbemerkungen

Die in stark gekürzter Form dargelegten Ergebnisse der Forschungsarbeiten der Abteilung Geochemie des Erdölinstituts umfassen weder die Beschreibung der neuen analytischen Verfahren noch der selbstkonstruierten neuen Meßapparate zur Lösung der besprochenen Probleme. Auch einige theoretische Ausarbeitungen, die sich aus der Interpretation eines so umfangreichen Versuchsmaterials ergaben, sind nicht enthalten. Ebenfalls wurden die so wichtigen radioaktiven Bohrlochmessungen nur kurz erwähnt.

Überblickt man die Ergebnisse der bisherigen Arbeiten, kommt man zu dem Schluß, daß es, wenn auch die in der Erdölindustrie angewandten geochemischen Verfahren nicht immer genügend sichere theoretische Grundlagen besitzen, angebracht ist, sie in weitem Umfang anzuwenden; denn die Grundlagen dieser Verfahren kann man nur dann erforschen, wenn man sich auf ein reiches statistisches Material stützen kann.

Zusammenfassung

Es werden die Ergebnisse folgender von der Abteilung Geochemie des Erdölinstitutes Krakau in erdölführenden oder vermutlich erdölführenden Gebieten durchgeführten geochemischen Untersuchungen beschrieben:

1) Geochemische Oberflächenaufnahmen, um die Eignung einiger Indikatoren (Bitumengehalt, Gehalt an gasförmigen Kohlenwasserstoffen, Radioaktivität) für Prospektionszwecke zu überprüfen. Dabei wurde erstmalig ein bisher nicht berücksichtigter Indikator für freien Schwefel angewandt; 2) hydrochemische Aufnahmen, die die Reduktion von in Wässern gelösten Sulfaten in der Nähe der Bitumenlagerstätten anzeigen; 3) geochemische Untersuchungen der Bohrkerne unter besonderer Berücksichtigung des Gehaltes an Chloriden und freiem Schwefel, die spektrochemische Profilierung von Bohrungen sowie die Anwendung der Differentialthermoanalyse bei der Bohrlochprofilierung.

Резюме

Описываются результаты следующих геохимических исследований, проведенных Отделом геохимии Нефтяного института в Кракове:

1) Геохимические поверхностные съемки, с целью проверки пригодности некоторых индикаторов (битуминозность, содержание газообразных углеводородов, радиоактивность) для целей поисков. При этом в первый раз применялся индикатор для свободной серы, не учтенный до сих пор. 2) Гидрохимические съемки, показывающие восстановление растворенных в воде сульфатов близ месторождений битумов. 3) Геохимическое исследование буровых кернов с специальным учетом содержания хлоридов и свободной серы, спектрохимическое профилирование скважин, а также применение дифференциально-термического анализа при профилировании скважин.

Summary

Results of geochemical explorations carried out by Cracow Petroleum Institute Geochemistry Department in petroleum-bearing and probably petroleum-bearing areas are described and include:

1) Geochemical surface surveys to check suitability of some indicators (bitumen content, content of gaseous hydrocarbons, radioactivity) for prospecting. An indicator for free sulphur so far left unconsidered was applied for the first time. 2) Hydrochemical surveys showing the reduction of sulphates dissolved in water near bitumen deposits. 3) Geo-

chemical investigations of cores, with special regard to chloride and free sulphur contents, spectrochemical profiling of drillings, and application of differential thermal analysis to borehole profiling.

Literatur

BIERNAT, Z.: Die Zuschläge zur Bohrspülung und ihre Einflüsse auf die spektroskopischen Bestimmungsverfahren. – Nafta, Bd. XI, Nr. 12 (1955).
CHAJEC, W.: Jod in erbohrten Solen. – Nafta, Bd. IV, Nr. 1, S. 28 (1948).
– Jod und Brom in tieferen Erdöl-Salzsolen. – Nafta, Bd. V, Nr. 12, S. 366 (1949).
– Die tiefere Hydrochemie in Erdölgebieten. – Nafta, Bd. IX, Nr. 2, S. 27 (1953).
GLOGOCZOWSKI, J. J.: Die thermische Analyse der Tonminerale. – Nafta, Bd. V, Nr. 6, S. 141 (1949).
– Die Bestimmung von Helium in Erdgasen. – Nafta, Bd. V, Nr. 12, S. 340 (1949).
– Die Spektrochemie in der Erdölförderindustrie. – Nafta, Bd. VII, Nr. 1, S. 2 (1951).
– Helium in Erdgasen. Ein Versuch der Anwendung des Heliums als Indikator bei der Korrelation von Horizonten. – Prace GIN, Nr. 8 (1951).
– Die vereinfachte thermische Differentialanalyse für Tone. – Nafta, Bd. VII, Nr. 10, S. 261 (1951).
– Die Analyse der gasförmigen Kohlenwasserstoffe bei Anwendung des Massenspektrometers. – Nafta, Bd. VIII, Nr. 1, S. 2–3 (1953).
– Die Lumineszenzmethode zur Bestimmung der Bitumina. – Nafta, Bd. IX, Nr. 9, S. 5 (1953).
– Die Bohrlochprofilierung mittels der vereinfachten thermischen Differentialanalyse. – Nafta, Bd. IX, Nr. 10, S. 240 (1953).
– Die oberflächige geochemische Aufnahme. – Nafta, Bd. IX, Nr. 11, S. 6 (1953).
– Die Rolle der Makroerscheinungen der Erdölführung bei der geochemischen Komplexkartierung. – Nafta, Bd. XI, Nr. 8 (1955).
– Die Rolle der Mikroerscheinungen der Erdölführung bei der geochemischen Komplexkartierung. – Nafta, Bd. XII, Nr. 1 (1956).
GLOGOCZOWSKI, J. J. & Z. BIERNAT: Die spektrochemische Profilierung der Erdölbohrungen. – Nafta, Bd. IX, Nr. 1, S. 4 (1953).
– Die spektrochemische Methode zur Profilierung der Erdölbohrungen. – Prace GIN, Nr. 24 (1953).
GLOGOCZOWSKI, J. J. & K. SZYPULOWA: Hydrochemische Prospektionen – auf Erdölhorizonte. – Nafta, Bd. VIII, Nr. 6, S. 145 (1952).
HUBICKI, J. & Z. WIERZBICKA: Die oberflächige Gammastrahlenmessung im Gelände der geochemischen Aufnahme. – Nafta, Bd. VII (1951).
– Eine versuchsweise elektronische Profilierung von Kohlebohrungen. – Nafta, Bd. VIII, Nr. 1 (1952).
KARPINSKI, T.: Neue analytische Untersuchungsverfahren bei Bohrkernen. – Prace GIN, Nr. 40 (1955).
LUCHTER, A.: Die Geomikrobiologie in der Erdölförderindustrie. – Nafta, Bd. VIII, Nr. 7 (1952).
– Die Prospektion auf Erdölhorizonte mittels mikrobiologischer Verfahren. – Nafta, Bd. IX, Nr. 9, S. 217 (1953).
– Die Mikrobiologie im Dienste der Erdölindustrie. – Acta Microbiol. Pol., Bd. 2/3, (1953).
– Die Rolle der Bakterien bei der Entstehung von Erdöl. – Nafta, Bd. IX, Nr. 12, S. 290 (1953).
MIESOWICZ, M.: Die radioaktive Untersuchung von Gesteinen in Erdölbohrungen. – Prace GIN, Nr. 4 (1951).
MIESOWICZ, M., L. JURKIEWICZ & A. MIKUCKI: Eine Apparatur für die Gammaprofilierung in Erdölbohrungen mit kontinuierlicher Registrierung. – Prace GIN, Nr. 4 (1951).
LUBICZ-SULIMIRSKI, S.: Die Geologie und die Naturwissenschaften als Grundlage der Erdölprospektionen. – Nafta, Bd. V, Nr. 6, S. 201 (1948).
SULIMIRSKI, S.: Die radioaktiven Untersuchungen der Gesteine in der Erdölbohrung. – Nafta, Bd. V, Nr. 12, S. 354 (1949).
– Die Interpretation der elektronischen Profilierung der Bohrung mittels eines Apparates mit Integrator und Registriergerät. – Prace GIN, Nr. 4 (1951).
SULIMIRSKI, S. & J. STRZETELSKI: Oberflächige geochemische Untersuchungen. – Prace GIN, Nr. 11 (1951).
STRZETELSKI, J.: Die Ergebnisse und die Interpretation der geochemischen Versuchsuntersuchungen. – Prace GIN, Nr. 40 (1955).
STRZETELSKI, J. & J. SZYMANSKI: Die Anwendung der natürlichen Gammastrahlenprofilierung bei der Schichtenkorrelation in Bohrungen. – Nafta, Bd. IX, Nr. 1 (1953).
SZURA, T. & F. KLEWSKI: Die ersten geochemischen Untersuchungen. – Nafta, Bd. V, Nr. 12, S. 342 (1949).
SZYPULOWA, K.: Die hydrochemischen Untersuchungen bei der Prospektion von Erdölhorizonten. – Nafta, Bd. X, S. 334 (1954).
WIERZBICKA, Z.: Die Neutronenprofilierung zur Anwendung bei den Prospektionen von Erdölhorizonten. – Nafta, Bd. VIII, Nr. 4, S. 90 (1952).
ZLOTNICKA, J.: Die Korrelation von Erdölhorizonten nach dem Spurenelementverfahren. – Nafta, Bd. XI, Nr. 12 (1955).

Gasbildung in sedimentären Schichten

(am Beispiel des Donbass)[1]

W. P. KOSLOW & L. W. TOKAREW, Moskau

Bei der Beurteilung der Perspektiven der Gasführung in neu erkundeten Gebieten richtete man sich bisher gewöhnlich nur nach den Ergebnissen der Untersuchung der paläogeographischen und paläotektonischen Entwicklung. Die Erfahrung zeigt jedoch, daß auf diese Weise nicht immer die Gesamtheit der komplizierten Vorgänge der Gasbildung und der Bildungsbedingungen von Gaslagerstätten berücksichtigt werden. Gegenwärtig gewinnt die Klärung des Charakters der Gasbildung aus organischer Substanz, die in irgendeiner Form mit sedimentären Ablagerungen verbunden ist, größere Bedeutung. Bei der Lösung dieses Problems treten jedoch zahlreiche Schwierigkeiten auf.

Zur Zeit wird mit mehr oder weniger Erfolg das Problem der Gasentstehung aus Kohlen bearbeitet. Nicht immer einfach ist dies jedoch bei in den Sedimenten dispers verteilter organischer Substanz, weil in diesem Falle genügend zuverlässige Methoden zur Bestimmung des Grades ihrer Metamorphose fehlen. Mit gewisser Wahrscheinlichkeit lassen sich Berechnungen nur für die organische Substanz, die in den Nebengesteinen der kohleführenden Schichten eingesprengt ist, durchführen, da hier die Kohlen den Charakter der metamorphen Prozesse widerspiegeln. Auch bei der Bestimmung der Gasmenge, die von den Kohlen gebildet wurde, treten Schwierigkeiten auf, die dadurch bedingt sind, daß – wie W. A. USPENSKIJ richtig feststellt – die quantitativen Verhältnisse zwischen den in den verschiedenen Stadien der Metamorphose entstandenen Gasen noch nicht völlig geklärt sind. Bei Aussagen über Menge und Zusammensetzung der Gase, die sich in den Kohleschichten bildeten, lediglich von den Gasen, die in ihnen gegenwärtig noch enthalten sind, auszugehen, ist natürlich unmöglich, weil die ursprünglichen Gase teilweise weggewandert sind oder sich unter dem Einfluß geochemischer und biochemischer Faktoren verändern konnten. Aus diesem Grunde stimmt daher die Zusammensetzung der Gase der kohleführenden Ablagerungen verschiedener Becken nicht immer vollständig überein. Ferner bestehen wesentliche Unterschiede in der Zusammensetzung der Gase von Kohlenschichten, die im gleichen Becken, jedoch in verschiedenen Teufen lagern. Diese Besonderheiten der Gasverteilung wurden erstmalig von G. D. LIDIN im Donbass zur Aussonderung von vier Gaszonen verwendet: 1. oben die Stickstoff-Kohlensäure-Zone, 2. tiefer die Stickstoffzone, 3. die Stickstoff-Methan-Zone und 4. schließlich unten die Methanzone. Charakteristisch ist, daß in der ersten Zone der Gehalt an Kohlensäure nicht unter 20% absinkt, der Gehalt an Stickstoff kann 80% erreichen, während Methan praktisch fehlt; in der zweiten Zone beträgt der Stickstoffgehalt nicht weniger als 80%, und Kohlensäure und Methan zusammen überschreiten nicht 20%; in der dritten Zone schwankt sowohl der Methan- als auch der Stickstoffgehalt von 20 bis 80%, während der Gehalt an Kohlensäure 20% nicht überschreitet. Nur in der vierten Zone beträgt der Methangehalt über 80%, während Stickstoff und Kohlensäure nur manchmal 18% bzw. 9% erreichen. LIDIN erklärt diese Zonenbildung durch Migration der Gase chemischer und biochemischer (Kohlensäure) sowie atmosphärischer Entstehung (Stickstoff) von oben nach

[1]) Deutsche Übersetzung des Originalbeitrages: Dr. BINTIG

unten. Die Bildung des Methans und möglicherweise auch die der Kohlensäure in der Methanzone verbindet er mit der Metamorphose der Kohle, während der Stickstoff der Methanzone seiner Meinung nach eingebetteten atmosphärischen Stickstoff darstellt. Mit dieser Theorie der Entstehung des Stickstoffs in den Kohlengasen widerlegt er die Ansichten von J. JANAK, der annimmt, daß sich der Stickstoff der Pflanzenorganismen — diese enthalten im Mittel 55% Luftgase — mit den neugebildeten Kohlengasen vermischt und manchmal einen merklichen Teil ausmacht.

A. I. KRAWZOW, W. A. SOKOLOW & M. M. ELINSON sehen die manchmal auftretenden erhöhten Stickstoff- (bis 20%) und Kohlensäurekonzentrationen (bis 9%) in der Methanzone als Beweis dafür an, daß an diesen Stellen die Grenze dieser Zone noch tiefer liegt und daß die Proben in Wirklichkeit der höher liegenden Stickstoff-Methan-Zone entstammen. Ihrer Meinung nach darf die Summe der Stickstoff- und Kohlensäuregehalte in der Methan-Zone 2—3% (Volumenprozente) nicht übersteigen, und ihr Vorhandensein ist auf eine Einlagerung von Luft bei der Ablagerung des Ausgangsmaterials der Kohlen zurückzuführen. Als einziges Gas, das sich in den Kohlen während der Metamorphose gebildet hat, sehen sie das Methan an.

Davon ausgehend muß man beachten, daß man bei der Bestimmung der Zusammensetzung der Kohlengase unbedingt Analysen von Proben verwenden muß, die innerhalb der tiefsten — der Methanzone — entnommen wurden.

Neben den Hauptkomponenten der Kohlengase — Methan, Stickstoff und Kohlensäure — sind noch die schweren Kohlenwasserstoffe und der Wasserstoff von Interesse, die gewöhnlich in geringen Mengen, aber nicht immer, auftreten und deren Entstehung eine lebhafte Diskussion hervorgerufen hat. G. D. LIDIN hält eine Bildung dieser Gase während der Extraktion des Gases aus der Kohle sowie bei der Zerkleinerung in der Vakuumkugelmühle für möglich und bezweifelt daher, daß diese Gase tatsächlich in den Kohlenflözen vorhanden sind. Andererseits weisen A. I. KRAWZOW, W. A. SOKOLOW & M. M. ELINSON darauf hin, daß Wasserstoff und schwere Kohlenwasserstoffe zweifellos in Kohlen angetroffen werden, wobei Wasserstoff genau wie Methan ein Produkt ihrer Metamorphose ist, während die schweren Kohlenwasserstoffe bei der Metamorphose der Erdölmuttersubstanzen, die sowohl in den Kohlen selbst als auch in ihren Nebengesteinen auftreten, entstehen. Dabei erwähnen sie vereinzelte hohe Gehalte an schweren gasförmigen Kohlenwasserstoffen in den Kohlen — bis zu 2,5% im Donbass und bis zu 12,5% im Kusbass. Nach ihren Angaben tritt Wasserstoff in den Kohlen dieser Becken ebenfalls selten auf, wenn auch sein Anteil in einzelnen Kusnezker Proben 7,5% und in Donezker Proben 18,4% erreichte. In den Kohlen von Karaganda wurde in 40% der Proben Wasserstoff, manchmal bis zu 10%, angetroffen. Diese Forscher betonen — und damit wenden sie sich gegen G. D. LIDIN —, daß sich Wasserstoff nicht nur bei der Zerkleinerung der Kohlen, sondern auch im sich frei abscheidenden Gas zeigt und daß er gleichzeitig bei weitem nicht in allen Gasen auftritt, die man bei der Aufmahlung von Kohlen in der Vakuummühle erhält.

Tab. 1. Zusammensetzung der Kohlengase der Methanzone des mittleren Karbons im Donbass, in Vol.-%

Kohlensorte	Anteil der einzelnen Komponenten	Zusammensetzung der Gase: CO_2	N_2 + Edelgase	CH_4	schwere Kohlenwasserstoffe	Anzahl der Analysen
D	minimal	—	1,9	89,8	0,19	
	maximal	0,1	10,0	97,8	0,2	
	durchschnittl.	0,05	5,95	93,8	0,195	2
G	minimal	—	0,75	97,1	Spuren	
	maximal	0,4	2,9	98,8	„	
	durchschnittl.	0,2	1,8	98,0	„	2
		1,6	8,1	90,3	0,008	1
PSh	minimal	0,1	0,5	79,7	0	
	maximal	13,9	19,85	99,0	1,0	
	durchschnittl.	1,2	4,5	94,0	0,2	24
K	minimal	0,1	0,1	84,6	0,003	
	maximal	0,9	15,2	99,3	0,023	
	durchschnittl.	0,3	4,9	94,5	0,009	14
PS	minimal	0,2	0,1	96,6	0,1	
	maximal	0,5	2,5	99,2	0,4	
	durchschnittl.	0,4	1,0	98,3	0,2	3
T		0,2	13,1	86,6	0,01	1
A	minimal	0,7	2,1	86,8	—	
	maximal	1,0	12,5	96,9	—	
	durchschnittl.	0,9	7,3	91,85	—	2

Aber die Schlußfolgerungen von KRAWZOW, SOKOLOW & ELINSON, und damit auch die Glaubwürdigkeit der von ihnen dargelegten Fakten, werden angezweifelt.

Die bei Rotarybohrungen durchgeführte Gaskarottage läßt während des Durchbohrens von Kohlenflözen und terrestrischen Schichten mit erhöhtem Gehalt an dispers verteilter organischer Substanz immer das Auftreten großer Wasserstoffmengen erkennen. Diese erhöhten Wasserstoffgehalte sind dadurch zu erklären, daß sich unter Einwirkung höherer Temperaturen, die bei der Zerkleinerung des Gesteins durch die Fräser entstehen, Wasserstoff gebildet hat. Folglich kann man bei der Durchführung von Analysen eine derartige Entstehung von Wasserstoff bei der Entgasung von Kohlen und Gesteinen nicht außer Betracht lassen, wie dies KRAWZOW, SOKOLOW & ELINSON tun. Es ist somit möglich, daß in einigen der von ihnen angeführten Analysen Wasserstoff festgestellt wurde, der unter natürlichen Bedingungen nicht vorhanden war.

Erhöhte Wasserstoffgehalte werden auch in den Zonen der kohleführenden Becken festgestellt, in denen eine Aufheizung der Kohlen und Gesteine durch magmatogene Bildungen erfolgte, z. B. im Tom-Usinsker Gebiet des Kusbass, ebenso in den regional bitumenführenden Schichten, die von diamantführenden Explosionstrichtern durchsetzt werden, ähnlich wie in Sarniza und in Udatschna in Jakutien. Da außerdem KRAWZOW, SOKOLOW & ELINSON nie die geologische Situation im Gebiet der Probeentnahme charakterisieren, ist nicht zu entscheiden, ob nicht teilweise diese Proben unter ähnlichen Bedingungen entnommen wurden und ob nicht der festgestellte Wasserstoffgehalt das Ergebnis einer lokalen (thermalen) Metamorphose ist.

Um ähnliche Unklarheiten in Fragen über Vorkommen und Genese von schweren Kohlenwasserstoffgasen und Wasserstoff in Kohlenschichten zu beseitigen, wurden

Tab. 2. Zusammensetzung der Gase aus den Nebengesteinen der Methanzone des mittleren Karbons im Donbass, in Vol.-%

Kohlensorte der nächstgelegenen Flöze	Anteil der einzelnen Komponenten	Zusammensetzung der Gase				Anzahl der Analysen
		CO_2	N_2 + Edelgase	CH_4	schwere Kohlenwasserstoffe	
D		0,7	2,7	96,7	0,006	1
G	minimal	0	1,6	91,4	0	
	maximal	1,1	8,4	97,6	0,3	
	durchschnittl.	0,6	4,7	94,5	0,15	4
PSh	minimal	0,3	8,5	89,0	0	
	maximal	0,4	10,6	91,2	0,007	
	durchschnittl.	0,35	9,5	90,1	0,0035	2
PS		0,4	13,1	86,4	0,105	1

79 Kohlengasproben aus dem Donbass untersucht. Die Proben wurden verschiedenen metamorphen, in der Methanzone gelegenen Kohlenschichten des mittleren Karbons entnommen.[2]) Diese Untersuchung zeigte (Tab. 1), daß in allen Kohlearten, außer den Anthraziten, im allgemeinen schwere gasförmige Kohlenwasserstoffe enthalten sind. Nur in zwei von 24 Proben der Kohlensorte PSh wurden schwere Kohlenwasserstoffe nicht festgestellt. Ihr Anteil erreicht lediglich einmal 1%. Bemerkenswert ist das Fehlen von Wasserstoff in allen diesen Proben.

Bei der Analyse der Gase aus den Nebengesteinen der kohleführenden Schichten des Donbass fand M. M. ELINSON (1949) 0—84% (im allgemeinen 2—20%) Methan, 0—46% (im allgemeinen 1—18%) Kohlensäure, 7,74 bis 94% (im allgemeinen 50—80%) Stickstoff und 0—84% (im allgemeinen 2,5—40%) Wasserstoff. In einigen Proben trat bis 1,75% CO auf. Die Gase aus den Nebengesteinen unterschieden sich also von den Kohlengasen sehr stark durch einen geringeren Gehalt an Stickstoff, während Wasserstoff, der gewöhnlich in Gasen aus den Kohlen fehlt, hier fast immer vorhanden ist. Es ist charakteristisch, daß Methan nur an die Proben gebunden ist, die unmittelbar aus der Nähe der Kohlenflöze entnommen wurden. M. M. ELINSON gibt leider nicht an, aus welchen Gaszonen die analysierten Proben stammen. Das ist insofern wesentlich, weil die Obergrenze der Methanzone, z. B. im Zentralgebiet des Donbass, in Teufen von 100 bis über 700 m liegen kann und die untersuchten Proben in Teufen von 16 bis 640 m entnommen wurden.

A. I. KRAWZOW & M. M. ELINSON (1956) veröffentlichten Methangehalte für in der Methanzone in Teufen von 611 bis 1165 m lagernde Nebengesteine. Eine Umrechnung der Werte ergab, daß der Methangehalt in den von ihnen untersuchten 16 Proben zwischen 0,32 und 9,22% liegt und im Mittel nur 1,62% vom Volumen aller Gase beträgt. Leider geben die Verf. nicht genau an, in welcher Entfernung von den Kohlenflözen die Nebengesteinsproben zur Gasuntersuchung entnommen wurden.

Bei der Durchführung unserer Arbeiten wurden auf die obenbeschriebene Weise acht Gasproben auch aus den Nebengesteinen — aus Sandsteinen und sandigtonigen Schichten in einer Entfernung von 1 bis 34 m von den Kohlenflözen — entnommen und analysiert (Tab. 2). Die Werte dieser Tabelle zeigen, daß der Methangehalt in den Nebengesteinen nie unter 80% sinkt. Dieser hohe Gehalt, der mit den Untersuchungsergebnissen von KRAWZOW & ELINSON nicht übereinstimmt, läßt sich dadurch erklären, daß fast alle Proben aus der Methanzone, und dabei aus Sandsteinen, in denen leichter eine Migration des Methans erfolgen konnte, stammten.

Die Untersuchungsergebnisse von KRAWZOW & ELINSON sollen im einzelnen nicht weiter analysiert werden. Es ist aber zu bemerken, daß man mit den Schlußfolgerungen über einen unbedeutenden Methangehalt in Gasen aus dem Nebengestein der Kohlen vorsichtig sein muß.

Wasserstoff wurde sowohl in den Kohlen als auch in den Nebengesteinen nicht festgestellt.

Bei der Umwandlung organischer Substanz entstehende Gase

Bekanntlich ist Kohlensäure im Torfstadium unter Einfluß biochemischer Faktoren bei freiem Zutritt von Sauerstoff das Hauptprodukt der Zersetzung von organischer pflanzlicher Substanz. Kann wenig Sauerstoff hinzutreten, entsteht als Hauptprodukt Methan. Daneben können sich in geringen Mengen Stickstoff, Sauerstoffverbindungen des Stickstoffs, Schwefelwasserstoff und Wasserstoff bilden. Je nach der Wasserführung können die gebildeten Gase entweder in die Atmosphäre entweichen oder sich in Wasser lösen und dann mit diesem Wasser an die Tagesoberfläche gebracht werden. Wurde das Torflager von anderen Ablagerungen bedeckt, so schwächte sich die Wirkung der biochemischen Faktoren allmählich ab und hörte schließlich vollständig auf, und unter dem sich erhöhenden Druck und der erhöhten Temperatur erfolgte dann die Umwandlung des Torfes in Braunkohle. Dabei bildeten sich hauptsächlich Methan, Kohlensäure, geringe Mengen Stickstoff, Schwefelwasserstoff und Ammoniak. Infolge der geringen Lagerungsteufe und der nur schwachen Verdichtung der überdeckenden Ablagerungen konnten diese Gase leicht durch Effusion und Diffusion entweichen oder durch wäßrige Lösungen ausgeschwemmt werden.

Erst während der Inkohlung, d. h. beim Übergang der Braunkohle in Steinkohle, die schon unter der Einwirkung eines sich ständig erhöhenden Druckes und einer erhöhten Temperatur verläuft, erfolgt — nach G. D. LIDIN — die Aussonderung von fast reinem Methan, geringen Mengen Kohlensäure und Stickstoff sowie von geringfügigen Ammoniak- und Wasserstoffmengen. Bei der Inkohlung organischer Substanz — angefangen beim Übergang der Braunkohle in Steinkohle bis zur Anthrazitisierung und Graphitisierung — bildet sich als hauptsächlichstes gasförmiges Produkt Methan. Gleichzeitig entstehen in sehr kleinen Mengen schwere Kohlenwasserstoffe.

Zu den ersten, die die quantitative Seite der Gasbildungsprozesse untersuchten, gehörte K. PATTEISKY (1926). Ausgehend von Analysen der Kohlengase des

[2]) Die Probenahme erfolgte in neuen Auffahrungen mit Hilfe von Bohrungen im Kohlenflöz bis zu einer Tiefe von 3—4 m. Sorgfältige Probeentnahme war durch Einbringen einer metallischen Röhre in das gerade abgebohrte Bohrloch gewährleistet. Der Ringraum wurde durch Ton und nahe an der Mündung (bis 10—15 cm von der Oberfläche) durch Gips abgedichtet. Die am Ausgangsende der Röhre angebrachte Aufnahmevorrichtung gestattete die Füllung eines Glasgefäßes mit Gas. Die Qualität der Isolation des Ringraumes und damit die Genauigkeit der Probenahme wurden an Ort und Stelle durch eine Analyse mit einem Gerät vom System BROCKMANN kontrolliert. Weiter wurden dann die Gasproben einzeln mit Geräten vom Typ WTI, W. A. SOKOLOW, CHLOPIN-GERLING und mit einem Universalchromatographen analysiert.

Tabelle 3. Mögliche gasförmige Produkte, die bei der Inkohlung entstehen

Umwandlung	Erhöhung des Kohlenstoffgehaltes %	Gasbildung im Verlauf der Umwandlung in m³ auf eine Tonne Kohle am Ende jeder Umwandlungsperiode	
		CH_4	CO_2
Von Holz in Lignit mit niedrigem Inkohlungsgrad	von 50 bis 65	52,0	5,7
von Lignit mit niedrigem Inkohlungsgrad in bituminöse Kohle mit niedrigem Inkohlungsgrad	von 65 bis 79	–	201,7
von bituminöser Kohle mit niedrigem Inkohlungsgrad in bituminöse Kohle mit mittlerem Inkohlungsgrad	von 79 bis 85,8	15,1	38,9
von bituminöser Kohle mit mittlerem Inkohlungsgrad in Halbanthrazit	von 85,8 bis 92,3	95,4	182
von Halbanthrazit in Anthrazit	von 92,3 bis 95	161,5	0

Ostrau-Karwiner Beckens und von den von BERGIUS durchgeführten Versuchen über künstliche Inkohlung bei hohen Drücken und Temperaturen, nahm er — allerdings unter Vorbehalt — an, daß sich das Verhältnis der sich während der Inkohlung bildenden Gase Methan und Kohlensäure in den verschiedenen Stadien der Metamorphose ändert. So ist dieses in Braunkohlen ungefähr 10:25, in fetten Steinkohlen 10:4 oder 10:6, in Magerkohlen (Anthrazit) 10:0,5 oder 10:1. Er ist jedoch der Meinung, daß wahrscheinlich die Werte für Kohlensäure zu niedrig sein können.

Auf der Grundlage der Durchschnittsanalysenwerte von PETRASCHEK für die ursprüngliche Zusammensetzung österreichischer Kohlen verschiedenen Metamorphosegrades berechnet K. PATTEISKY, daß bei einem Verhältnis von Kohlensäure zu Methan von 2:1 die Inkohlung von 1,135 t Lignit zu 1 t Glanzbraunkohle 40 kg Wasser, 83 kg (46 m³) Kohlensäure und 12 kg (21 m³) Methan ergibt. Bei der weiteren Inkohlung bilden sich aus 1,145 t Glanzbraunkohle 1 t Gasflammkohle, 36 kg (55 m³) Methan, 66 kg (36 m³) Kohlensäure und 43 kg Wasser, während 1,2 t Gasflammkohle 1 t Magerkohle, 69 kg (105 m³) Methan, 69 kg (38 m³) Kohlensäure und 8,2 kg Wasser ergeben. Nimmt man aber ein Verhältnis von Methan zu Kohlensäure von 10:5 an, so ergeben 1,3 t Gasflammkohle 1 t Magerkohle, 120 kg (181 m³) Methan, 170 kg (94 m³) Kohlensäure und 1 kg Wasser. Diese Werte erhöhen sich jedoch beträchtlich, wenn man annimmt, daß sich im Verlauf der Reaktion nicht freies Wasser bildete, sondern im Gegenteil das in der Kohle enthaltene hygroskopische Wasser verbraucht wurde. Für eine solche Möglichkeit spricht vor allem der unbedeutende Gehalt an hygroskopischem Wasser in Kohlen mit einem hohen Inkohlungsgrad. Beim Übergang von 1,08 t Magerkohle in 1 t Anthrazit bilden sich 67 kg (97 m³) Methan, 6,2 kg (3,4 m³) Kohlensäure und 8,1 kg Wasser.

Es ist also die Methanmenge, die sich bis zum Stadium der Glanzbraunkohle bildet, verhältnismäßig klein, während die intensivste Methanbildung in den Steinkohlenstadien und beim Übergang von Steinkohle in Anthrazit erfolgt.

Eine etwas andere Berechnung nach der Methode von HICKLING führte R. A. MOTT durch. Zum besseren Vergleich mit den Werten von PATTEISKY wurden seine Werte der Gasmengen, die sich beim Übergang der Kohle von einer Stufe der Inkohlung in eine andere bilden, auf eine t Kohle umgerechnet, die am Ende jedes Übergangs verbleibt (Tab. 3).

J. I. GRAHAM, der die Berechnungen von MOTT kritisiert, weist darauf hin, daß dessen chemische Gleichungen über die Veränderungen des Kohlensäuregehaltes und die Gasbildung in Kohlen, obwohl sie in quantitativer Hinsicht falsch sein können, trotzdem eine gewisse Erklärung für die in der Praxis nachgewiesenen äußerst hohen Methangehalte in bituminösen Kohlen und Anthraziten im Vergleich mit Kohlen eines niedrigeren Inkohlungsgrades geben.

In der UdSSR führte W. A. USPENSKIJ (1954) als erster entsprechende Untersuchungen durch. Die Mengen und die Zusammensetzung der Gase (in %), die sich bei der Umwandlung der Kohlen bilden, berechnete er nach einem von ihm aufgestellten System von 10 Gleichungen mit 11 Unbekannten. Die umgerechneten Werte³) sind in Tab. 4 dargestellt. Daraus ist ersichtlich, daß die Bildung von Methan in allen Stufen der Inkohlung organischer Substanz erfolgt und demzufolge die Annahme von H. BODE (1939), daß eine solche Bildung nur im Stadium der Gas- oder Fettkohlen bei Temperaturen von 340—360° vor sich geht, nicht richtig ist. Obwohl BODE die Berechnungen von PATTEISKY, die auf Formeln beruhen, die von BERGIUS — ausgehend von den Ergebnissen der Verschwelung von Kohlen — abgeleitet wurden, kritisiert, weil die Verschwelung auf keine Weise mit der natürlichen Inkohlung übereinstimmt, so begeht er doch selbst den gleichen Fehler.

Um seine Meinung, daß sich Methan in den Kohlen nur in einem bestimmten Stadium ihrer Metamorphose bildet, zu stützen, verweist BODE besonders darauf, daß man die Umwandlung von jungen Kohlen bis zu den Anthraziten theoretisch durchführen kann, indem man aus der Kohle lediglich Wasser abscheidet. Er gibt dazu die Resultate der von ihm nach der Methode von GROPP & BODE durchgeführten Versuche der Umwandlung von Braunkohle in Glanzkohle an, bei denen sich die Gesamtmenge an Kohlenstoff in den Proben praktisch nicht veränderte, während das Verhältnis des sich abscheidenden Wasserstoffes und Sauerstoffes 2:16 betrug, also dem Wasser entsprach. Ersteres stimmt jedoch nicht mit der Anwesenheit und dem starken Vorherrschen von Methan in Kohlengasen aus den verschiedensten kohleführenden Gebieten überein, was auch die Behauptung von BODE widerlegt, daß Gas-

Tab. 4. Mengen an kohlenstofführenden gasförmigen Produkten der Metamorphose der Kohlen in den verschiedenen Stadien, in m³

Kohlenstofführende gasförmige Produkte des Metamorphismus	Beim Übergang von		
	Torf in Braunkohle	Braunkohle in Steinkohle	Steinkohle in Anthrazit
	bilden sich auf eine Tonne Kohlensubstanz am Ende jeder Umwandlung m³		
CH_4	68,3	161,0	192,9
CO_2	167,7	124,9	23,4

³) Bei der Umrechnung wurde das Gewicht eines m³ Gas bei 15°C und einem Druck von einer at für Methan mit 1,804 kg, für kohlensaures Gas mit 0,687 kg angenommen (Handbuch des Geologen für natürliche Gase, Bd. 2, Gostoptechisdat, 1952).

Tab. 5. Durchschnittliche Zusammensetzung der kohlenstoffführenden gasförmigen Produkte der Metamorphose der Kohlen im Donbass in verschiedenen Stadien, in m³

Änderung des Ausbringens an flüchtigen Bestandteilen in %, bezogen auf die organische Kohlensubstanz	Gasförmige Produkte des Metamorphismus vom Anfangsstadium (mit einem Ausbringen an flüchtigen Bestandteilen von 48 bis 45%) bis zum Ende des gegebenen Stadiums, bezogen auf eine Tonne Kohle am Ende des gegebenen Stadiums	
	CH_4	C_2O
von 48–45 bis 45–40	4,00	5,85
von 45–40 bis 40–35	11,31	22,12
von 40–35 bis 35–30	21,05	32,54
von 35–30 bis 30–25	39,08	48,65
von 30–25 bis 25–20	61,94	53,56
von 25–20 bis 20–15	79,34	58,76
von 20–15 bis 15–10	100,70	62,65
von 15–10 bis 10– 5	149,37	71,40
von 10– 5 bis 5– 0	273,57	76,98

und Fettkohlen, im Vergleich mit Kohlen anderer Sorten, einen stark erhöhten Methananteil enthalten. Gleichzeitig zeigte auch — wie LIDIN richtig bemerkte — die Methodik der Durchführung der genannten Versuche wesentliche Mängel, z. B. die ungenaue Bestimmung der Zusammensetzung der erhaltenen gasförmigen Produkte, die Kürze der Einwirkungszeit der metamorphosierenden Faktoren und das lufthaltige (oxydierende) Versuchsmedium.

Aus all dem ist ersichtlich, daß die am meisten begründete Methode der Berechnung der entstehenden Mengen an Kohlengasen die Methode von USPENSKIJ ist, weil sie nicht nur Kohlenstoff, Wasserstoff und Sauerstoff, sondern — im Gegensatz zu MOTT — auch Stickstoff und Schwefel berücksichtigt[4]).

Die Methode von USPENSKIJ erscheint Verf. zur Bestimmung der Gasbildung in den Kohlen des Donbass auch deshalb am geeignetsten, weil USPENSKIJ selbst in diesem Becken die durchschnittliche Zusammensetzung der flüchtigen Produkte der Metamorphose der Kohlen in ihren verschiedenen Stadien berechnete und ihre kurzzeitigen Etappen charakterisierte. Tab. 5 zeigt die umgerechneten Werte von USPENSKIJ.

Die Schlußfolgerung, daß die sich bildende Kohlensäure in den Kohlen der Methanzone gewöhnlich 5 bis 6% vom Gesamtvolumen aller Gase nicht überschreitet, ist ein wesentlicher Mangel, der sowohl in den Berechnungen von USPENSKIJ als auch in denen von MOTT auftritt. Berücksichtigt man nämlich, daß Methan von Kohle schlechter adsorbiert wird als Kohlensäure, so fragt man sich, wie sich dann letztere aus den Kohlenflözen abscheiden konnte, während Methan in ihnen erhalten blieb.

Dieser Widerspruch zwischen den tatsächlichen und den berechneten Werten läßt an der Sicherheit der Berechnungsmethoden zweifeln. Vielleicht müßte man bei den Berechnungen von USPENSKIJ für die sich bildenden flüchtigen Produkten der Metamorphose einen größeren Wasseranteil in Betracht ziehen. Da den Verf. andere Werte fehlen, und bei ihren Untersuchungen nur das Methan interessiert, verwenden sie die Werte von USPENSKIJ, allerdings unter dem Vorbehalt, daß die erhaltenen Ziffern für das Methanausbringen eher zu niedrig sind.

[4]) Die schweren Kohlenwasserstoffgase, die in den Kohlen des Donbass in unbedeutenden Mengen auftreten, und Wasserstoff, der in unseren Proben niemals festgestellt wurde, werden nicht berücksichtigt.

Die sich bei der Metamorphose der Kohlen abscheidende Gasmenge

Um festzustellen, welche Gasmengen sich bei der Metamorphose der Kohlen des Donezbeckens abscheiden, müssen die umgerechneten Werte von USPENSKIJ auf Kohlen bestimmter Sorten, für die die Vorräte bekannt sind, bezogen werden; denn er führte seine Berechnungen nur in bezug auf das Ausbringen an flüchtigen Bestandteilen in den verschiedenen Stadien der Veränderung, ohne Verbindung mit bestimmten Kohlensorten, durch. Charakteristik der Kohlen des Donbass vgl. Tab. 6.

Die Kohlen der Sorte D werden offensichtlich von USPENSKIJ nicht charakterisiert, weil die am wenigsten metamorphosierten Kohlen aus den in Tab. 5 aufgeführten (mit einem Ausbringen an flüchtigen Bestandteilen von 48—45%) nach seinen Angaben nur 5,34% Wasserstoff enthalten, während sein Anteil in Kohlen dieser Sorte nicht unter 5,6% absinken darf.

Daher müssen die Kohlen der drei Stadien mit einem Ausbringen an flüchtigen Bestandteilen von 48—35% zu den Kohlen der Sorte G gerechnet werden, und bei der Berechnung der Mengen der mit ihnen verbundenen Gase müssen Werte verwendet werden, die das mittlere Stadium kennzeichnen — mit einem Ausbringen an flüchtigen Bestandteilen von 45—40%. Die Entstehung der Gase, die mit der Bildung der Kohlen der Sorten B—D und D verbunden ist, bleibt dabei unbestimmt.

Beim weiteren Vergleich der Tab. 6 und 5 ist festzustellen, daß den Kohlen der Sorte PSh die Kohlen mit einem Ausbringen an flüchtigen Bestandteilen von 35—30% am nächsten kommen. Den Kohlen der Sorte K kommen am nächsten die Kohlen mit einem Ausbringen an flüchtigen Bestandteilen von 25—20%, den Kohlen der Marke PS die mit 20—15%, den Kohlen der Marke T die mit 15—10% und den Kohlen der Marke A die mit 10—0%.

Bei der Umwandlung von Braunkohle in Steinkohle bilden sich 161,0 m³/t Methan, wie aus Tab. 4 ersichtlich ist. Gleichzeitig steht diese Steinkohle nach der von USPENSKIJ aufgeführten ursprünglichen Zusammensetzung den Kohlen des Donbass mit einem Ausbringen an flüchtigen Bestandteilen von 35—30% (Sorte PSh) am nächsten, während sich bei der Umwandlung in solche Kohlen aus Kohlen mit einem Ausbringen an flüchtigen Bestandteilen von 48—45% 21 m³/t Methan bildeten (s. Tab. 5). Zieht man von der ersten Zahl (161 m³/t) die zweite (21 m³/t) ab, so erhalten wir 140 m³/t Methan, die bei der Umwandlung von Braunkohlen in Kohlen mit einem solchen Ausbringen an flüchtigen Bestandteilen entstanden. Diese und auch alle folgenden Berechnungen sind in gewissem Grade ungenau, weil USPENSKIJ für die Berechnung der Mengen an flüchtigen Produkten bei der Metamorphose der Kohlen (Tab. 4) nicht nur Werte von Humusbraunkohlen,

Tab. 6. Charakteristik der Donezker Kohlen verschiedener Sorten (nach W. S. POPOW 1957)

Sorte	Ausbringen an flüchtigen Bestandteilen, in %	Elementaranalyse der brennbaren Substanz, in %		
		C	H	O
D	37 und mehr	76–86	5,6–6,4	17,5–10,0
G	35 und mehr	78–89	4,8–6,3	16,0– 6,8
PSh	27–35	84–90	4,5–6,0	10,8– 5,0
K	18–27	87–91	4,4–5,6	8,0– 3,1
PS	14–22	89–94	4,1–5,2	6,0– 2,1
T	9–17	90–95	2,7–4,0	4,6– 1,6
A	weniger als 9	91–96	1,2–2,7	4,0– 1,0

sondern auch die von Sapropelbraunkohlen verwendete, während im Donbass Sapropelkohlen fast ganz fehlen.

Bei der Berechnung der Mengen an Kohlengasen gehen Verf. vom Braunkohlenstadium und nicht vom Torfstadium aus, weil die sich bei der Umwandlung von Pflanzensubstanz in Torf und von Torf in Braunkohle — wie LIDIN & GRECH zeigten — bildenden Gase sich relativ leicht abscheiden können.

Nimmt man an, daß bei der Umwandlung von Braunkohle in Steinkohle, die durch ein Ausbringen an flüchtigen Bestandteilen von 48—45% gekennzeichnet ist, 140 m³ Methan entstehen, so errechnet man für die Umwandlung von Braunkohle in Steinkohle der Marke G die Bildung von 144 m³/t Methan (140 m³/t + 4 m³/t).

Auf die gleiche Weise errechnet man die bei der Bildung der einzelnen Kohlensorten entstehenden Methanmengen: Sorte PSh — 161 m³/t (140 m³/t + 21 m³/t), Sorte K — 202 m³/t (140 m³/t + 62 m³/t), Sorte PS — 219 m³/t (140 m³/t + 79 m³/t), Sorte T + PA (zu der Sorte PA werden Anthrazite mit einem höheren Heizwert als die Anthrazite der Sorte A gerechnet) — 265 m³/t $\left(140\ \text{m}^3/\text{t} + \frac{101\ \text{m}^3/\text{t} + 149\ \text{m}^3/\text{t}}{2}\right)$, Sorte A — 351 m³/t $\left(140\ \text{m}^3/\text{t} + \frac{149\ \text{m}^3/\text{t} + 273\ \text{m}^3/\text{t}}{2}\right)$, Sorte D — ungefähr 100 m³/t.

Die von A. A. SKOTSCHINSKIJ u. a. angeführten Werte der Methanbildung pro Tonne Kohle (100 bis 200 m³) entsprechen angenähert dem nach den Werten von USPENSKIJ berechneten Mittelwert von 161 m³/t Methan, das sich bei der Umwandlung von Braunkohle in Steinkohle der Marke PSh bildet.

Die geologischen Kohlenvorräte des Donezbeckens betragen bis zu einer Teufe von 1200 m 138,7 Mrd. t und bis zu einer Teufe von 1800 m 190 Mrd. t.[5]) Eine Einteilung der Vorräte bis zur Teufe von 1200 m nach Sorten zeigt Tab. 7.

Unter der Voraussetzung, daß bis 1800 m Teufe das gleiche Verhältnis zwischen den Kohlenvorräten der einzelnen Sorten bestehen bleibt (obgleich sicherlich mit der Vergrößerung der Teufe eine Verschiebung in Richtung auf eine Vergrößerung des Anteils der Kohlen mit höheren Inkohlungsgraden stattfinden wird), gliedern sich diese Vorräte folgendermaßen auf (in Mrd. t): Sorte D — 22, G — 51, PSh — 10, K — 7, PS — 6, T + PA — 14 und A — 52. Als Gesamtvorräte[6]) ergeben sich 162 Mrd. t.

Ausgehend von diesen Werten sowie von den Angaben über die Methanmenge, die sich bei der Entstehung einer Tonne Kohle jeder Sorte abscheidet, ergibt sich, daß bei der Inkohlung bis zu einer Teufe von 1800 m insgesamt ungefähr 36 Trillionen m³ Methan gebildet wurden (Tab. 8).

Bei der Metamorphose der dispersen organischen Substanz in den Nebengesteinen entstehende Gase

Das Volumen aller kohleführenden Schichten bis zu einer Teufe von 1800 m beträgt 14026 Mrd. m³ [7]), das

Tab. 7. Kohlenvorräte des Donbass nach Sorten (nach W. S. POPOW 1957)

Kohlensorte	Geologische Kohlenvorräte bis zu einer Teufe von 1200 m mit Stand 1956, in Mill. t
B–D	20500
D	16050
G	37240
PSh	7430
K	4910
PS	4070
T und PA	10390
A	38110

Volumen der Nebengesteine 13918 Mrd. m³ und ihre Menge — bei einem mittleren spezifischen Gewicht von 2,7 t/m³ — 37,6 Trillionen t. Unter Berücksichtigung der Werte von N. M. STRACHOW, N. W. LOGWINENKO und W. S. POPOW kann man annehmen, daß sich die Nebengesteine aus annähernd 65% Argilliten (mit Alewrolithen), ungefähr 33% Sandsteinen und ungefähr 2% Kalksteinen zusammensetzen und ihre Mengen dementsprechend 24,4, 12,4 und 0,8 Trillionen t betragen.

Wie unsere Untersuchungen zeigten, sind in den Argilliten des Donezker Karbons 0,9—1,2% organischer Kohlenstoff enthalten, in den Alewrolithen 0,4—1,3%, in den Sandsteinen 0,1—0,6% und in den Kalksteinen 0,3—0,5%. Da diese Werte auch nur wenig verschieden von den von N. M. STRACHOW veröffentlichten Angaben sind, kann man mit Bestimmtheit den Durchschnittsgehalt in den aufgeführten Gesteinstypen mit 1,0%, 0,8%, 0,6% und 0,4% annehmen. Daraus ergibt sich eine Gesamtmenge an organischem Kohlenstoff in den Argilliten und Alewrolithen von 220 Mrd. t, in den Sandsteinen von 50 Mrd. t und in den Kalksteinen von 3 Mrd. t, d. h., die Nebengesteine enthalten 273 Mrd. t, was (unter Berücksichtigung des Koeffizienten 4/3) einem Wert von 364 Mrd. t organischer Substanz entspricht.

Wie bereits erwähnt, gibt es für die Bestimmung des Metamorphosegrades der dispers verteilten organischen Substanz gegenwärtig noch keine genauen Methoden. M. & R. TEICHMÜLLER versuchten, durch einen Vergleich des an Anschliffen bestimmten Reflexionswertes der dispers verteilten kohlehaltigen Reste mit dem der Kohlen verschiedener Sorten den Grad der Metamorphose festzustellen. Diese Methode kann man jedoch nicht bei fusitischen kohlehaltigen Überresten anwenden sowie bei Gesteinen, in denen die vergelten Einlagerungen mit Bitumen getränkt sind, da sich in diesem Falle ihr Reflexionswert verringert, während er sich bei den einer Oxydierung unterworfenen kohlehaltigen Einschlüssen manchmal erhöht. Trotz ihrer Vorteile wurde die Methode von TEICHMÜLLER bisher in der Sowjetunion nur sehr wenig angewandt. Daher orientieren sich auch Verf. bei der Feststellung des Metamorphosegrades der dispers verteilten organischen Substanzen kohleführender Schichten auf die mit ihnen vorkommenden Kohlen — in der Annahme, daß diese annähernd genau die Metamorphose widerspiegeln[8]). Nimmt man außerdem noch an, daß sich unter

[5]) Bei der Berechnung dieser Vorräte wurden von den insgesamt 300 Kohlenflözen und -einlagerungen nur 164 Flöze mit einer Mächtigkeit von mehr als 0,3 m berücksichtigt.

[6]) Die Kohlen der Marke B–D, die hauptsächlich am Westrand des Petrikowsker Bezirkes verbreitet sind, fehlen dabei.

[7]) Dieses Volumen erhält man, indem man von den Gesamtkohlenvorräten (162 Mrd. t) und ihrem durchschnittlichen spezifischen Gewicht (1,5 t/m³), aus denen ihr Gesamtvolumen (108 Mrd. m³) bestimmt wurde, und vom mittleren Koeffizienten der Kohlenführung des Karbons des Donbass (0,77%) ausgeht.

[8]) Strenggenommen, ist diese Ansicht nicht ganz zulässig, weil anzunehmen ist, daß die disperse organische Substanz der Nebengesteine durch einen geringeren Grad der Inkohlung — im Vergleich zu den Flözen — charakterisiert wird. So weist z. B. SEYLER (Methane storage in strata, 1932) darauf hin, daß die organische Substanz in kohleführenden Schiefern nicht unbedingt im gleichen Maße wie die mit ihnen zusammen vorkommenden Kohlen dem Prozeß der Anthrazitisierung unterlagen.

den im Donbass herrschenden Bedingungen die dispers inkohlte organische Substanz in bezug auf den Metamorphosegrad annähernd proportional den Vorräten auf die verschiedenen Sorten verteilt, ergeben sich folgende Mengen (in Mrd. t): D — 49, G — 115, PSh — 23, K — 16, PS — 12, T + PA — 32 und A — 117. Im Endergebnis erhält man auch die hierbei gebildeten Methanmengen: Sorte D — 4,9, G — 16,6, PSh — 3,7, K — 3,2, PS — 2,6, T + PA — 8,5 und A — 41,1 Trillionen m³; während das ganze Nebengestein bis zur angeführten Teufe 80,6 Trillionen m³ erzeugte, d. h. mehr als das Doppelte als alle Kohlen in den Flözen mit einer Mächtigkeit von über 0,3 m. Diese Werte widersprechen auch nicht den Angaben von N. M. STRACHOW (1940), der darauf hinwies, daß die Nebengesteine nicht weniger als 50% des gesamten Methans des Donezker Kohlengebirges erzeugen.

Verhalten des bei der Inkohlung gebildeten Methans

Entsprechend den Werten von A. A. SKOTSCHINSKIJ u. a. beträgt die Methanführung der Kohle bei 30°C und bei Drücken von 10, 50, 100, 200 und 700—800 at im allgemeinen 7—30, 21—46, 20—34, 26—47 und 32—70 m³/t. Sieht man den Druck des Methans als hydrostatisch an (obwohl er unter natürlichen Bedingungen wesentlich davon abweichen und manchmal die Größe des geostatischen Drucks erreichen kann), so kann man annehmen, daß die Werte für das Fassungsvermögen der Kohlen die Teufen von 100, 500, 1000, 2000 und 7000—8000 m charakterisieren.

Vergleicht man diese Werte mit den berechneten Methanmengen, so wird ersichtlich, daß die Methanmengen das Methanfassungsvermögen der Kohlen bis zu einer Teufe von 7—8 km, was der mittleren Mächtigkeit des Donezker Kohlengebirges entspricht, überschreiten und folglich dieser gewaltige Überschuß aus den Kohlenflözen entweichen mußte. Diese Migration des Methans erfolgte sicherlich allmählich, während sich bei fortschreitender Inkohlung neue Methanmengen bildeten.

Um festzustellen, wieviel Methan sich abscheiden mußte, nahmen Verf. als mittlere Größe des allgemeinen Methanfassungsvermögens der Kohle in einer Teufe von 7—8 km einen Wert von 50 m³/t an, obwohl die berechnete Methanmenge sicherlich geringer ist als die, die tatsächlich ausgeschieden wurde. Bei der Bildung der Kohlen der Sorte D mußten sich etwa 50, bei der Sorte G ungefähr 95, der Sorte PSh ungefähr 110, der Sorte K ungefähr 150, der Sorte PS ungefähr 170, der Sorte T + PA ungefähr 215 und der Sorte A ungefähr 300 m³/t Methan abscheiden. Das Gesamtvolumen des ausgeschiedenen Methans beläuft sich somit auf 27,7 Trillionen m³. Mit anderen Worten: Von den 36 Trillionen m³ bei der Inkohlung gebildeten Methans wurden ungefähr 28 Trillionen m³ oder fast ³/₄ der Gesamtmenge aus den Kohlenflözen abgeschieden.

Tab. 8. Methanmenge, die sich in den Kohlen des Donbass im Verlauf der Umwandlung aus Braunkohlen bildete.

Kohlensorte	Gesamtmenge an Methan, das sich bei der Umwandlung von Braunkohle in Kohle der gegebenen Sorte bildete, in Trillionen m³
D	2,2
G	7,3
PSh	1,6
K	1,4
PS	1,3
T und PA	3,7
A	18,3
Insgesamt:	35,8

Tab. 9. Methanbilanz in den kohleführenden Ablagerungen des Donbass bis zu einer Teufe von 1800 m, in Trillionen m³

	Es bildete sich Methan	Es kann Methan enthalten sein	Überschuß an Methan über die vollständige Sättigung hinaus	Unterbilanz an Methan bis zur vollständigen Sättigung
in den Kohlen	36	bis 8	nicht weniger als 28	—
in den Nebengesteinen	81	94	—	13

G. D. LIDIN berechnete, ausgehend von einem Durchschnittswert für die Porosität der Gesteine des Donbass (7—8%) sowie unter Berücksichtigung eines Koeffizienten der Kompressibilität und der Temperaturausdehnung des Methans und der Adsorption des Methans durch dispers verteilte kohlige Substanz, das Gasfassungsvermögen für 1% dispers verteilte kohlige Substanz enthaltende Gesteine für die Teufen von 50, 100, 500, 900, 1000, 1500, 2000 und 3000 m auf 0,23, 0,40, 1,65, 2,72, 2,98, 3,94, 4,70 und 5,24 m³/t.

Das Gasfassungsvermögen für in großen Teufen lagernde Gesteine wurde jedoch von LIDIN nicht bestimmt. Es ist aber anzunehmen, daß dieses in einer Teufe von 7—8 km kaum einen Wert von 10 m³/t überschreitet.

Im Mittel entfallen auf eine Tonne Nebengestein 2,14 m³ Methan (Volumen des in den Nebengesteinen gebildeten Methans — 80,6 Trillionen m³ — geteilt durch die Menge des Nebengesteins — rund 37,6 Trillionen t). Beim Vergleich dieses Wertes mit den von LIDIN berechneten Werten wird sichtbar, daß er ungefähr mit dem Gasfassungsvermögen der Nebengesteine in Teufen von 600—700 m zusammenfällt und daß in noch größeren Teufen diese Gesteine nicht mit Methan gesättigt sind. Weiterhin kann man auf der Grundlage der gleichen Werte von LIDIN das mittlere Gasfassungsvermögen der Nebengesteine bis zu einer Teufe von 1800 m mit 2,5 m³/t annehmen; folglich können diese 94 Trillionen m³ Methan enthalten. Erzeugt die disperse organische Substanz bei der Inkohlung insgesamt nur ungefähr 81 Trillionen m³ Methan, so könnten diese Gesteine bis zur angeführten Teufe gegenwärtig noch ungefähr 13 Trillionen m³ Methan in sich aufnehmen. Außerdem muß berücksichtigt werden, daß — als diese Ablagerungen in eine größere Teufe absanken — ihr Fassungsvermögen für Gas größer war als das gegenwärtige und daß deshalb ihr Methandefizit damals schon größer war als gegenwärtig.

Tab. 9 zeigt, daß — obgleich der geringere Teil des Methans in den Nebengesteinen und nicht in den Kohlen gebildet wurde — die Kohlen zuerst den Überschuß an Methan abgaben. Nach der vollständigen Sättigung der Nebengesteine mit dem Methan der Kohlenflöze war noch ein Überschuß von 15 Trillionen m³ vorhanden. Dieser Überschuß war wahrscheinlich noch bedeutend größer, weil alle marinen Ablagerungen Wasser enthalten, das weder bei der Diagenese noch bei der Katagenese vollständig herausgepreßt werden und sich abscheiden konnte, sondern in Form von Bergfeuchtigkeit in den Gesteinsporen erhalten blieb.

Die Nebengesteine können nur bedeutend weniger Methan als 94 Trillionen m³ enthalten. Einige 10 Trillionen m³ überschüssiges Methan haben sich also im Verlauf der geologischen Geschichte aus der kohleführenden Schicht abgesondert.

Natürlich taucht die Frage auf, wohin, auf welche Weise und wann die Migration dieser gewaltigen Methanmenge erfolgte. Nur durch spezielle Untersuchungen, die weit über den Rahmen dieser Arbeit hinausgehen, ist eine vollständige Lösung dieser Frage möglich. Hier soll daher notgedrungen nur auf die charakteristischen Züge der Migration eingegangen werden. Nach den gegenwärtigen Erkenntnissen kann die Migration des Methans durch Effusion, durch Diffusion sowie in geringerem Grade bei in Wasser gelöstem Methan durch Fließen erfolgen. Sicher ist die große Bedeutung der Effusion auf Spalten, weil, wie G. A. IWANOW zeigte, während der geologischen Entwicklung des Donbass mehrmals tektonische Vorgänge in Form einer Bildung von großen Brüchen und Verwerfungen auftraten, die nebenbei die Entstehung der verschiedenartigsten Kluftsysteme zur Folge hatten. Dies wird durch die zahlreichen Methanausbrüche, die mit tektonischen Spalten verbunden sind, in den heute vorhandenen Schächten bestätigt.

Nach Angaben von W. W. TETEREWENKOW wurden in 100 Schächten des Donbass im Jahre 1951 521 Grubengasaustritte gezählt. Wenn man berücksichtigt, daß am Ende des Unteren Perm (nach der hiesigen Hauptfaltungsphase) eine weiträumige Denudation des Kohlengebirges eine umfassende Abscheidung des Methans ermöglichte, wird offensichtlich, daß diese Gasaustritte im Verlauf der geologischen Geschichte des Donbass auch unmittelbar an der Tagesoberfläche stattfanden. Es wird nicht übertrieben, wenn man das Kerngebiet des Donbass nach dem Unteren Perm mit einer Röhre vergleicht, durch die die Kohlengase leicht in die Atmosphäre entweichen konnten.

Eine Migration der Kohlengase wird auch für die Zeit, in der das ganze kohlenführende Schichtenpaket des Donbass schon tief untergetaucht war, nicht vollständig abgelehnt. Man muß annehmen, daß sich hier die Gase gemäß dem Einfallen der Flöze fortbewegten und bei günstigen Verhältnissen (Überdeckung der Randzonen durch jüngere Ablagerungen) auch in entsprechenden Fallen aufspeichern konnten.

Aus diesem Grunde waren während der geologischen Entwicklung des Donbass und auch der anderen kohleführenden Becken der Erde die Verhältnisse nicht für eine Bildung großer Gaslager geeignet. Offensichtlich kann nur dadurch das relativ seltene Auftreten solcher kleinen, größtenteils abgeschirmten Gaslager in den kohleführenden Becken erklärt werden. Zur Bewertung der industriellen Gasführung der die kohleführenden Becken umgrenzenden Zonen wurden leider noch nicht genügend Untersuchungen durchgeführt. Bei der Prospektion in diesen Zonen, die sicherlich in Zukunft für die Praxis wichtig sein wird, muß die paläotektonische Entwicklung lokaler Strukturen sowie des kohleführenden Beckens als Ganzes erforscht werden.

Zusammenfassung

Verfasser, die die Methanbildung während der Inkohlung der organischen Substanz untersuchten, berechneten, daß im Donezbecken in den Kohlenflözen bis zu einer Teufe von 1800 m 36 Trillionen m³ Methan gebildet wurden. In den Nebengesteinen der Kohlen betrug die sich bildende Methanmenge 80,6 Trillionen m³. Da die entstehenden Gasmengen das Fassungsvermögen der Kohle überschritten, wurden ungefähr 28 Trillionen m³ Methan aus den Kohlenflözen abgeschieden. Das Nebengestein konnte davon noch etwa 13 Trillionen m³ aufnehmen, aber die restlichen 15 Trillionen m³ Methan mußten im Verlauf der geologischen Entwicklung entweichen.

Резюме

Авторы исследовали образование метана при метаморфизме органического вещества и подсчитали, что в Донбассе в угольных пластах до глубины в 1800 м образовались 36 триллионов кубометров газа. Образующееся в вмещающих породах углей количество метана составляло 80,6 триллионов кубометров. Так как образующиеся количества газа превышали ёмкость угля, примерно 28 триллионов м³ метана выделялись из угольных пластов. Вмещающие породы были в состоянии воспринимать примерно 13 триллионов кубометров, но остаточные 15 триллионов м³ метана должны были удалиться в протяжении геологического развития.

Summary

Based on studies of the formation of methane during the coalifaction of organic substance, the authors calculated that 36 trillion m³ of methane have been formed up to a depth of 1,800 metres in the coal seams of the Donez basin. In the adjoining rocks of the coal the amount of methane formed was 80.6 trillion m³. As the amount of gas exceeded the capacity of the coal, nearly 28 trillion m³ of methane were adsorbed by the coal seams, approximately 13 trillion m³ of which the adjoining rocks were able to absorb, while the remaining 15 trillion m³ of methane had to escape during the geological evolution.

Literatur

BODE, H.: Der Inkohlungsvorgang und die Entstehung des Grubengases. — Glückauf, **75**, Nr. 19 (1939).

ELINSON, M. M.: Die Gasführung des Nebengesteins von Kohlenflözen. Sammelband: Grubenaerologie und Arbeitsschutz in Schächten. — Ugletechisdat, 1949.

GRAHAM, J. I.: Some physical and chemical properties of coal. — New Zealand Journal of science and technology, **36**, Nr. 5 (1955).

IWANOW, G. A.: Absonderungen in den Kohlen und Nebengesteinen und Wege ihrer praktischen Verwendung. — Arb. des ZNIGRI, Ausgabe 10, 1939.

JANAK, J.: Nove poznatky při studiu genese zemních plynů na Ostravsku. — Přírodovědecký sborník, **16**, Nr. 2 (1955).

KRAWZOW, A. I., W. A. SOKOLOW, & M. M. ELINSON: Über die Zusammensetzung und die Entstehung von Gasen der Kohlenlagerstätten. — Arb. d. Mosk. Erkundungsgeol. Inst. **23**, (1955).

KRAWZOW, A. I. & M. M. ELINSON: Die Bestimmung der Gasführung von Kohlenflözen mittels einer neuen Methode in einer Tiefbohrung im Donbass. — Arb. d. Mosk. Erkundungsgeol. Inst., **29** (1956).

LIDIN, G. D.: Faktoren, die den Gasreichtum von Steinkohlenschächten bestimmen. Der Gasreichtum von Steinkohlenschächten der UdSSR, Bd. I. — Verlag der Akademie der Wissenschaften der UdSSR, 1949.

LOGWINENKO, N. W.: Die Petrographie und die Paläogeographie der produktiven Schicht des Donezker Karbons. — Verlag d. Staatl. Univ. Charkow, 1953.

MOTT, R. A.: The origin and composition of coals. — Fuel in science and practice, XXII, Nr. 1 (1943).

PATTEISKY, K.: Die Geologie der im Kohlengebirge auftretenden Gase. — Glückauf, Nr. 49, 1926.

POPOW, W. S.: Das Donezbecken. Bergbau-Handbuch, Bd. 2. — Ugletechisdat, 1957.

SKOTSCHINSKIJ, A. A., W. W. CHODOT, W. G. GMOSCHIMSKIJ, J. A. LIPAJEW, J. S. PREMYSLER, I. L. ETTINGER & M. F. JANOWSKAJA: Methan in Kohlenflözen. — Ugletechisdat, 1958.

STRACHOW, N. M.: Zur Geologie des Methans in den kohleführenden Becken des Donez-Beckens. — Bull. d. Mosk. Ges. Erforsch. d. Natur, Neue Serie, **48** (1940).

TEICHMÜLLER, M. & R.: Inkohlungsuntersuchungen und ihre Nutzanwendung. — Geologie en Mijnbouw, **37**, Nr. 2 (1958).

TETEREWENKOW, W. W.: Methanausbrüche in den Schächten des Donbass. — Ugletechisdat, 1952.

USPENSKIJ, W. A.: Versuch einer Stoffbilanz der bei der Metamorphose von Kohlenflözen vor sich gehenden Prozesse. — Mitt. Akad. Wiss. UdSSR, Serie Geologie, Nr. 6, 1954.

Methane storage in strata. A Discussion (C. A. SEYLER etc.). — Colliery Guardian, Nr. 3722, 1932.

Zeitschrift für angewandte Geologie (1960) Heft 11

Die geochemischen Typen orogener Zonen [1)]

J. A. BILIBIN, Moskau

Für den geochemischen Charakter der geosynklinalen und der aus ihnen entstandenen orogenen Zonen sind drei Hauptgruppen geologischer Prozesse typisch:

a) die Prozesse der Sedimentation,
b) die Prozesse der magmatischen Tätigkeit und
c) die Prozesse der magmatogenen Mineralisation.

Die Prozesse der Sedimentation ergeben nach dem Umfang die größten Massen von Gesteinen, jedoch entstehen hierbei nicht so schroffe geochemische Unterschiede, daß sie der Ausscheidung verschiedener geochemischer Typen von orogenen Zonen zugrunde gelegt werden könnten. Die Prozesse der eigentlichen magmatischen Tätigkeit ergeben in ihrem Umfang etwas kleinere Gesteinsmassen, aber die geochemischen Verschiedenheiten zwischen den einzelnen orogenen Zonen drücken sich hier wesentlich schärfer aus. Schließlich bringen die Prozesse der magmatogenen Mineralisation verhältnismäßig sehr kleine Massen hervor, aber mit besonders deutlich ausgeprägten geochemischen Unterschieden. Da die hierbei entstehenden Minerallagerstätten Objekte industrieller Ausbeutung darstellen, erweisen sich deren geochemische Unterschiede in den verschiedenen Typen orogener Zonen für die Menschheit als von größtem Interesse. Diese Unterschiede bestehen nicht losgelöst voneinander, sie ergeben sich aus den geochemischen Unterschieden der magmatischen Gesteine.

Für die geosynklinalen und die aus ihnen entstandenen orogenen Zonen werden einerseits die Ergüsse basischer Laven der Spilitformation in der vorbereitenden oder geosynklinalen Periode für charakteristisch gehalten, die oft von Intrusionen basischer und ultrabasischer Magmen gefolgt sind oder mit ihnen abwechseln. Letztere ergeben die für die orogenen Zonen charakteristischen Ophiolithgürtel von bedeutender Ausdehnung. Andererseits ist eine beträchtliche Entwicklung großer Batholithen von sauren, überwiegend Kaligranitoiden für die Periode der endgültigen Trockenlegung der Geosynklinale und ihre Umwandlung in das Orogen charakteristisch. Diese zwei Typen magmatischer Äußerungen, die geochemisch sehr verschieden sind, sind überhaupt für alle geosynklinal-orogenen Zonen kennzeichnend.

Eine nähere Betrachtung zeigt, daß in der überwältigenden Mehrzahl der orogenen Zonen tatsächlich diese beiden Typen magmatischer Prozesse auftreten, jedoch in einer mengenmäßig sehr ungleichen Entwicklung. In solchen orogenen Zonen, in denen die Ergüsse basischer Laven der Spilitformation und die Intrusionen basischer und ultrabasischer Magmen besonders stark ausgebildet sind, liegen die Kaligranitoide allgemein in sehr schwacher Entwicklung vor. Umgekehrt treten dort, wo die letzteren weit verbreitet sind, die basischen und ultrabasischen Magmen der geosynklinalen Entwicklungsperiode in sehr bescheidenem Ausmaß auf. Diese mengenmäßigen Unterschiede sind oft derart scharf ausgeprägt, daß sie der Trennung dieser zwei Kategorien von geosynklinal-orogenen Zonen in zwei geochemisch verschiedene Typen zugrunde gelegt werden können. Dieser Unterschied wurde erstmalig von Akademiemitglied S. S. SMIRNOW für den meso-känozoischen Faltengürtel, der den Stillen Ozean umsäumt, festgestellt. In diesem verfalteten und damit gleichfalls metallogenetischen Gürtel unterschied S. S. SMIRNOW zwei Zonen:

1) Eine äußere, dem Kontinentalkern näher gelegene Zone, die sich im Laufe des Mesozoikums gebildet hat. Sie weist eine weite Verbreitung von Kaligranitoiden und der ihnen eigenen Metallogenie bei äußerst schwacher Entwicklung basischer und ultrabasischer Magmen auf.

2) Eine jüngere innere Zone, die dem Ozean näher liegt, gegen Ende des Mesozoikums und während des ganzen Känozoikums konsolidiert wurde und durch eine sehr große Verbreitung neutraler, basischer und ultrabasischer Magmen bei deutlich verringertem Auftreten von Kaligranitoiden charakterisiert ist.

Die Betrachtung anderer verfalteter und metallogenetischer Gürtel zeigt, daß eine solche Unterteilung in zwei geochemische Typen mit einer gewissen Annäherung gleichfalls für sie zutrifft. Teilweise können zum Typ der inneren Zonen der metallogenetischen Gürtel der skandinavische metallogenetische Gürtel (Kaledoniden Norwegens), die meso-känozoische Zone des Mediterrangürtels (Süden Europas, Balkanhalbinsel, Türkei, Transkaukasien, Iran), die östliche Abdachung des Urals, der sajanische metallogenetische Gürtel (Sibirien) und einige andere gerechnet werden. Zum geochemischen Typ der äußeren Zonen, mit Ausnahme der mesozoisch verfalteten Zone des Pazifischen Gürtels, müssen die variszischen Faltenstrukturen Mittel- und Westeuropas, des Westhangs des Urals und andere gerechnet werden. Einschränkend muß gesagt werden, daß unter den inneren und äußeren Zonen nicht die Teile einer einzigen Geosynklinale verstanden werden dürfen, sondern geosynklinale Zonen, die sich in Bereichen größerer struktureller Einheiten selbständig und zu verschiedenen Zeiten bildeten und die von uns als geosynklinale metallogenetische Gürtel definiert werden. Ohne die gegenseitigen Beziehungen der inneren und äußeren Zonen zeitlich und räumlich weiter in Betracht zu ziehen, werden wir im folgenden unter diesen Termini nur bestimmte geochemische Typen orogener Zonen verstehen. Wir versuchen, eine vergleichende geochemische Charakteristik in bezug auf den Magmatismus und dann bezüglich der Metallogenese zu geben.

Für die inneren Zonen der metallogenetischen Gürtel sind weiträumige Ergüsse basischer Magmen in der Vorbereitungsperiode der Geosynklinalentwicklung besonders charakteristisch. Gewöhnlich sind sie durch Spilite, Porphyrite (Andesite), nicht selten auch durch saurere Gesteinstypen, wie Albitophyre und Quarzalbitophyre, vertreten. Dies ist die gut bekannte magmatische Spilitformation. Ihr gleichzustellen sind die präkambrischen und unterpaläozoischen Lavenergüsse Norwegens, die silurischen und devonischen Laven des Osthanges des Urals, die kambrischen Laven des Sajan-Gürtels, die meso-känozoischen Lavenergüsse Süd- und Südosteuropas und Südwestasiens (Türkei, Kaukasus, Iran) sowie der pazifischen Umrandung Asiens und Amerikas.

Für alle orogenen Zonen mit einem reichlichen Auftreten an Laven der Spilitformation ist die sehr weite Verbreitung basischer und ultrabasischer Magmen und ihrer Differentiate auch in der intrusiven Form charak-

[1)] Aus: J. A. BILIBIN, Ausgewählte Werke, Bd. II, (russisch), Moskau 1959, S. 426–433. Übers.: BACH

teristisch. Gewöhnlich wechseln diese Intrusionen mit Oberflächenergüssen ab, und oft sind sie an die Faltungsphasen gebunden, die zeitweilig den Prozeß der Geosynklinalentwicklung unterbrechen, ihn aber nicht völlig aufhalten. Hierher gehören vor allem die hyperbasischen Intrusionen, die oft die Ophiolithgürtel von bedeutender Ausdehnung bilden. Einen solchen stellt z. B. der mediterrane Ophiolithgürtel dar, der sich mit einigen Unterbrechungen von Südeuropa bis zu den Inseln des Malaiischen Archipels hinzieht. Dasselbe gilt für den Ophiolithgürtel des Urals, für den sajanischen Ophiolithgürtel und viele andere. Außer den Hyperbasiten sind in denselben orogenen Zonen gewöhnlich intrusive Komplexe ausgebildet, die in der Hauptsache als basische und mittelsaure Gesteine bei untergeordnetem Auftreten von sauren Gesteinen vertreten sind. Für die letzteren ist in der Mehrzahl der Fälle das manchmal sehr starke Überwiegen des Natriums über das Kalium sehr auffällig und charakteristisch, weshalb unter ihnen Gesteinstypen wie Trondhjemite oder Plagiogranite eine wichtige Rolle spielen. Zu den entsprechenden intrusiven Komplexen gehören vor allem die bekannte Anorthosit-Charnockit- und die Opdalit-Trondhjemit-Gruppe Norwegens, die zahlreichen gabbroiden, dioritischen und die plagiogranitischen Intrusionen des Urals, des Kusnezker Ala-Tau, des Ost- und Westsajan, des Balkans, Kleinasiens, des Kaukasus, der pazifischen Umrandung Amerikas usw. In allen diesen Fällen wird ein enger genetischer Zusammenhang zwischen den sauren (vorwiegend Natriumgesteine) und den basischen Gesteinen beobachtet.

Die im allgemeinen kalireichen Granitoide, die genetisch nicht mit den basischen Gesteinen zusammenhängen, sind äußerst charakteristisch für jene Etappen des tektonisch-magmatischen Zyklus, mit denen die endgültige Trockenlegung der Geosynklinale und ihre Umwandlung in das Orogen verbunden sind. In den orogenen Zonen des betrachteten Typs sind im Vergleich zu orogenen Zonen anderer Typen die Granitoide in wesentlich geringerem Maße vertreten. Sie sind sowohl zeitlich als auch räumlich bedeutend enger lokalisiert als die basischen Intrusionen und ihre Differentiate. Während die letzteren über die ganze Ausdehnung der Orogene des zu betrachtenden Typs verbreitet sind und sich im Verlaufe langer geologischer Zeitabschnitte mehrmals wiederholen, entsprechen die Intrusionen der Kaligranitoide gewöhnlich der letzten bis vorletzten Faltungsphase und sind vorwiegend in einzelnen besonders tiefen Durchbiegungen lokalisiert, die länger als andere Orogenteile ihre Labilität bewahren. Ein sehr charakteristisches Beispiel bietet in dieser Richtung die Ural-Faltenzone. Hier wiederholen sich die Intrusionen basischer und ultrabasischer Magmen unter Begleitung durch saure, vorwiegend Natriumdifferentiate, oftmals im Verlaufe des Silurs, Devons und des Unterkarbons, indem sie die ganze Fläche des östlichen Hanges der Ural-Faltenzone erfaßten. Die Intrusionen der Kaligranitoide, die genetisch nicht mit den basischen Magmen verknüpft sind, treten erst im Oberkarbon auf und dann nur in einer bestimmten besonders tiefen Einbiegung am Osthang des Urals.

Für diesen Typ orogener Zonen ist besonders das Vorhandensein nicht nur saurer und basischer, sondern auch alkalischer Magmen charakteristisch. Bei den letzteren ist es üblich, zwei Reihen auszuscheiden: die Kali- und die Natronreihe. Es ist zu beachten, daß die Unterschiede zwischen ihnen äußerst deutlich in den basischeren Gesteinen, die alkalisch gabbroid wie basaltoid sind, zutage treten. In den mehr leukokraten Gesteinen werden die Unterschiede sehr ausgeglichen und die alkalischen Gesteine, die der eutektischen Zusammensetzung nahe sind (Phonolithe, Nephelinsyenite), werden in beiden Reihen oft identisch sein.

In den Orogenen vom Typus der inneren Zonen wird oft das Auftreten sowohl von Natron- wie Kalimagmen alkalischer Art beobachtet. Jedoch sind letztere charakteristischer. In der effusiven Fazies sind sie als Leuzitgesteine, Kalitrachyte, Phonolithe und andere kalireiche Gesteine, in der intrusiven Fazies als Shonkinite, Monzonite, Pseudoleuzitgesteine, Kalifoyaite usw. vertreten. Die Leuzitlaven und die sie begleitenden kalireichen Effusiva sind äußerst charakteristisch für die letzten Etappen der vulkanischen Tätigkeit im mediterranen Orogen. Hierher gehören die leuzitischen Laven Italiens, Jugoslawiens, der Türkei, des Kaukasus, des Irans, der Inseln des Malaiischen Archipels (Java, Borneo, Celebes usw.). Diese alkalischen kalireichen Gesteine beobachtet man hier so gesetzmäßig, daß man sie für das mediterrane Orogen nicht weniger charakteristisch als dessen Ophiolithgürtel finden muß.

In der inneren Zone des pazifischen Saumes trifft man nicht nur kalireiche, sondern überhaupt alkalische Magmen in bedeutend geringerer Menge an. Am wahrscheinlichsten ist die Erklärung, daß der Magmatismus der inneren Zonen des pazifischen Gürtels in der Mehrzahl der Gebiete noch nicht das Entwicklungsstadium erreicht hat, in dem die alkalischen Magmen auftreten. Zugunsten einer solchen Annahme spricht der intensive gegenwärtige Vulkanismus dieser Zone mit Ergüssen von hauptsächlich basischen und intermediären Magmen, die den Ergüssen alkalischer Magmen, wenn wir das Beispiel des mediterranen und anderer Gürtel heranziehen, vorausgehen. Es genügt zu vermerken, daß in einigen isolierten Durchbiegungen, die etwas außerhalb der inneren Zone des pazifischen Gürtels gelegen sind und eine schnellere magmatische Evolution durchgemacht haben, die Ergüsse basischer und intermediärer Magmen schon von der Eruption leuzitischer Laven abgelöst werden (östliche Umrandung des Großen Chingans in der Mandschurei, Becken des Großen Anjui).

Vereinzelte Vorkommen leuzitischer Laven werden auch in einigen anderen Bezirken der inneren Zone des pazifischen Gürtels (Neuseeland, Kalifornien, Antarktis usw.) beobachtet. Im Bereich des skandinavischen, uralischen und des sajanischen Gürtels sind die alkalischen Gesteine vorwiegend als Nephelinsyenite vertreten, doch ist es möglich, daß die Leuzitgesteine Schottlands und Nordkasachstans (Ischim) mit einer Magmenevolution, wie oft bei diesen Gürteln, verbunden sind. Für den Ural kann ein intensives Auftreten von kalireichen Laven erhöhter Alkalität (Trachyte) im oberen Ludlow verzeichnet werden.

Anders ist der Magmatismus des anderen Typs der orogenen Zonen charakterisiert, der weiter oben als der der äußeren Zonen der metallogenetischen Gürtel bezeichnet wurde. In den Frühstadien der geosynklinalen Entwicklung treten auch hier Oberflächenergüsse von basischen und mittelbasischen Laven auf, manchmal auch mit ihren sauren Natriumdifferentiaten.

Jedoch ist in den mengenmäßigen Beziehungen der Unterschied zum jüngeren Typ der orogenen Zone äußerst auffallend. Hier sind die basischen Effusiva der Vorbereitungszeit von Geosynklinalen an engbegrenzte Zeiträume gebunden. Auch sind sie in der flächenmäßigen Verbreitung enger lokalisiert und spielen in der Gesamtmächtigkeit des stratigraphischen Profils nur eine sehr untergeordnete Rolle. So ausgebildet sind die variszische Faltenzone Zentral- und Westeuropas, die variszische Faltenzone der Mongolei, die Westabdachung des Urals, die mesozoische Faltenzone Ostasiens u. a. In den flächenmäßig gewaltigen Bereichen der letzteren fehlen praktisch die Effusiva der geosynklinalen Vorbereitungszeit, und die oberflächige vulkanische Tätigkeit beginnt hier im allgemeinen schon nach der Umwandlung der Geosynklinale in das Orogen.

In voller Übereinstimmung damit befindet sich auch die schwache Entwicklung basischer und ultrabasischer Intrusionen in den äußeren Zonen der metallogenetischen Gürtel. Sie bilden hier nirgends auch nur einigermaßen ausgedehnte Gürtel, man trifft sie ausschließlich in vereinzelten, flächenmäßig begrenzten Gebieten an. In der mesozoischen Faltenzone Ostasiens fehlen sie fast vollständig, wenn man nicht die wenigen hypabyssalen Intrusionen rechnet, die unter orogenen Verhältnissen und in sehr späten Stadien der Evolution des Orogens entstanden sind. Umgekehrt sind die Intrusionen der Kaligranitoide ausgesprochen charakteristisch für die orogenetischen Zonen dieses Typs. Sie haben hier eine sehr große flächenmäßige Verbreitung und entstehen im Zusammenhang mit den zahlreich aufeinander folgenden Faltungsphasen. Dies sind die vielfachen variszischen granitoiden Intrusionen Zentral- und Westeuropas, die variszischen granitoiden Intrusionen der Mongolei und besonders die mesozoischen granitoiden Intrusionen Ostasiens. Die kalireichen alkalischen Gesteine sind für diesen Typ orogener Zonen weniger charakteristisch als für die Zonen des jüngeren Typs. Manchmal treten Nephelinsyenite auf. Aber besonders charakteristisch sind von den alkalischen Gesteinen wohl die melanokraten alkalischen Gesteine der Natronreihe wie Essexite, Teschenite, Krynanite usw. Sie bilden sich in den späten Etappen der Magmenevolution dieser orogenen Zonen, vorwiegend in deren Vorländern, obwohl sie nicht selten auch in den Bereichen der Orogene selbst anzutreffen sind. Dasselbe gilt für die karbonischen Teschenite und die ihnen verwandten Gesteine Schottlands, die Teschenitintrusionen des Westhanges vom Ural, der Mongolei und die außerordentlich weit verbreiteten obermesozoischen (bis känozoischen) Teschenite Nordostasiens.

Obwohl in den zwei von uns ausgeschiedenen Typen orogener Zonen qualitativ mehr oder weniger ein und dieselben Gruppen magmatischer Gesteine, sowohl effusiver als auch intrusiver Art, auftreten, ist doch auf diese Weise ihre mengenmäßige Ausbildung äußerst unterschiedlich. Während im zweiten Typ (innere Zonen metallogenetischer Gürtel) bei der effusiven und intrusiven Tätigkeit basische, ultrabasische und mittelsaure Magmen, teilweise alkalische kalireiche Magmen extrem überwiegen, sind im ersten Typ (äußere Zonen metallogenetischer Gürtel) die Kaligranitoide, teilweise auch die alkalischen Natrongesteine sehr im Übergewicht. Die stärkste magmatische Tätigkeit im zweiten Typ der orogenen Zonen entspricht alles in allem der geosynklinalen Entwicklungsperiode, wenn man hier die Faltungsphasen mit einschließt, die diese Periode zeitweilig unterbrechen; im ersten Typus entspricht sie der Umwandlungsperiode der Geosynklinale in das Orogen und der nachfolgenden orogenen Entwicklung.

Wenn auch die mengenmäßigen Unterschiede im Charakter der magmatischen Tätigkeit der zwei ausgeschiedenen Typen orogener Zonen genügend deutlich hervortreten, so sind doch die Unterschiede in ihrer magmatogenen Mineralisation noch typischer.

Für die inneren Zonen der metallogenetischen Gürtel sind besonders die magmatogenen Lagerstätten charakteristisch, die genetisch mit basischen, ultrabasischen und mittelsauren Magmen, teilweise auch mit deren noch saureren, vorwiegend Natrondifferentiaten, verbunden sind. Äußerst charakteristisch sind die Metalle Platin, Chrom, Titan, Nickel, Eisen, Kupfer, zum Teil Molybdän, Kobalt, Zink, Blei, Quecksilber, Arsen. Umgekehrt sind die typischen Metalle saurer kalireicher Magmen, Zinn und Wismut, für diese Zonen äußerst wenig charakteristisch. Die größte industrielle Bedeutung besitzen die magmatischen und postmagmatischen, die kontaktmetasomatischen und die eingesprengten Erze, des weiteren auch die Kies- und nur teilweise die Ganglagerstätten.

Zu den Lagerstätten der orogenen Zonen dieses Typs gehören die Chromitlagerstätten des Urals, des Balkans, der Türkei, des Sajan-Gürtels und der inneren Zone des pazifischen Gürtels. Die größten Magnetitlagerstätten Schwedens, des Urals und die bescheideneren Magnetitlagerstätten des Sajan-Gürtels, Transkaukasiens, des Balkans, der Insel Elba und des pazifischen Gürtels müssen hierher gerechnet werden. Sehr charakteristisch sind für diesen Mineralisationstyp die Kupfer-Nickel-Kiese Norwegens, Finnlands und der Halbinsel Kola. Noch kennzeichnender sind die weit verbreiteten Kupferkies- und Schwefelkieslagerstätten, die in metallogenetischer Hinsicht äußerst bezeichnend für die orogenen Zonen dieses Typs sind (Norwegen, Ural, Ost- und Westsajan, Balkan, Transkaukasien, Japan usw.). Die Blei-Zink-Lagerstätten in den Orogenen dieses Typs liegen meistenteils gleichfalls als Kieslager (Ural, Altai, Transkaukasien, Balkan, Japan, usw.) und nur in sehr untergeordneter Anzahl als Ganglagerstätten vor. Gleichzeitig spielen beim Kupfer, einem der äußerst charakteristischen Metalle in den Orogenen dieses Typs, auch andere Lagerstättentypen, wie Imprägnationserze, Stock- und Ganglagerstätten (Kasachstan, Kaukasus, pazifische Umrandung Amerikas, Japan, Philippinen) eine große Rolle.

Die Rolle der Edelmetalle (Gold, Silber) ist in den verschiedenen metallogenetischen Provinzen dieses Typs großen Schwankungen unterworfen. Für Norwegen, Finnland und Karelien sind diese Metalle nur wenig charakteristisch. Für den Ural und den Sajan-Gürtel sind die mesothermalen Goldlagerstätten bei äußerst geringem Auftreten des Silbers kennzeichnend. Umgekehrt sind für die jungen metallogenetischen Zonen dieses Typs (meso-känozoische Zone des mediterranen Gürtels und besonders die känozoische Zone des pazifischen Gürtels) die mächtigen Konzentrationen von Gold und Silber in epithermalen Lagerstätten (Transsylvanien, Türkei, Neuseeland, Japan, Nord- und Südamerika) äußerst bezeichnend. Man darf nicht übersehen, daß zu denselben metallogenetischen Zonen die typischen oberflächennahen Lagerstätten des Quecksilbers und des Arsens gehören (Italien, Jugoslawien, Kaukasus, Weststaaten der USA usw.).

Sehr interessant ist das Verhalten der für die sauren kalireichen Magmen charakteristischen Metalle wie Molybdän,

Wolfram, Wismut und Zinn in den metallogenetischen Provinzen dieses Typs. Davon ist Molybdän besonders charakteristisch für Provinzen, die in die inneren Zonen der metallogenetischen Gürtel einbezogen sind. Es kommt nicht selten vor, daß seine Lagerstätten nicht nur an Kaligranitoide gebunden sind, die in den späten Etappen des tektomagmatischen Zyklus auftreten, sondern auch an vorwiegend Natrongranitoide, die in die früheren Etappen des Zyklus gehören und einen genetischen Zusammenhang mit den basischen Magmen besitzen. Auf Grund dessen ist Molybdän eines der charakteristischen Metalle für die inneren Zonen der metallogenetischen Gürtel, sogar noch charakteristischer als für die nachstehend beschriebenen äußeren Zonen. In den inneren Zonen ergibt es Lagerstätten vom Imprägnations-, Stock- und Gangtyp, und es zeigt sich oft eine enge ausdehnungsmäßige und genetische Beziehung zu den Kupferlagerstätten. So beschaffen sind die Lagerstätten Norwegens (Knaben), Finnlands, Jugoslawiens, Transkaukasiens, Kasachstans, der Weststaaten der USA usw.

Wolfram wird in den metallogenetischen Provinzen dieses Typs wesentlich seltener und vergleichsweise in viel geringeren Mengen fast ausschließlich im Zusammenhang mit Kaligranitoiden der späten Etappen des tektonisch-magmatischen Zyklus angetroffen. Es tritt als Ganglagerstätte mit Wolframit oder Scheelit sowie auch als kontakt-metasomatische Scheelitlagerstätte auf, die gewöhnlich nicht sehr umfangreich sind (Norwegen, Ural, Transkaukasien, Ost- und Westsajan usw.). Wismut ist nicht als selbständige Lagerstätte anzutreffen, doch findet man es als Mineralbeimengung in Lagerstätten anderer Metalle (Gold, Kupfer) manchmal vor, wo es jedoch nur in seltenen Fällen in solchen Mengen auftritt, daß seine Nebengewinnung rentabel wird (Japan). Schließlich fehlt das Zinn praktisch in der Mehrzahl der metallogenetischen Provinzen dieses Typs, und nur in einzelnen Gebieten (Norwegen, Italien, Japan) erreicht es unbedeutende Konzentrationen.

Von den Mineralbildnern der metallogenetischen Provinzen dieses Typs ist besonders der Schwefel kennzeichnend, der in die Zusammensetzung, sowohl der Sulfide als auch einiger Sulfate, welche als Gangminerale sehr wichtig sind (Baryt, Gips, Alunit), eingeht. In den Eisenlagerstätten spielen auch Titan und Phosphorsäure eine wichtige Rolle. Bor, Kohlensäure und besonders Fluor besitzen als Mineralbildner wesentlich geringere Bedeutung.

In den metallogenetischen Provinzen, die zum Bereich der inneren Zonen der metallogenetischen Gürtel gehören, sind besonders die Lagerstätten vertreten, die genetisch an saure Kaligranitoide gebunden sind. Von ihnen seien vor allem die Lagerstätten des Zinns und teilweise des Wolframs genannt, die bezeichnendsten Lagerstätten in den Provinzen dieses Typs. Es reicht aus, allein den gewaltigen Gürtel von Zinn- und Wolframlagerstätten in der mesozoischen Faltenzone Ostasiens und auch gleiche Lagerstätten des Erzgebirges, von Cornwall und der Pyrenäen-Halbinsel in Westeuropa zu nennen. Manchmal treten in Zusammenhang mit ihnen auch industrielle Konzentrationen von Wismut und Molybdän auf, doch für das letztere Metall besitzen die inneren Zonen der metallogenetischen Gürtel trotzdem eine größere Bedeutung.

Recht charakteristisch sind für die metallogenetischen Provinzen dieses Typs auch die Blei-Zink-Lagerstätten. Sie sind altersmäßig gewöhnlich jünger als die Zinn-Wolfram-Lagerstätten und treten zum Unterschied von den inneren Zonen der metallogenetischen Gürtel nicht als Kieslager, sondern entweder als Ganglagerstätten (Erzgebirge, Harz) oder als Verdrängungen in Kalkgesteinen (Rheinland, Schlesien, Transbaikalien) und auch als kontakt-metasomatische Lagerstätten (Sowjetischer Ferner Osten usw.) auf. In den Provinzen dieses Typs begegnet man auch industriellen Lagerstätten von Quecksilber, Antimon und Arsen.

Die Bedeutung des Kupfers, des Eisens und des Goldes wechselt sehr, und je nach der Entwicklung der Lagerstätten dieser Metalle und auch nach einigen anderen Kennzeichen ist es zweckmäßig, die metallogenetischen Provinzen der äußeren Zonen in zwei Untertypen zu gliedern, die als westeuropäischer und ostasiatischer bezeichnet werden können. Im westeuropäischen Untertyp der Mineralisation ist die Bedeutung der Zinn-Wolfram- und besonders der Molybdänvererzung im großen ganzen geringer als im ostasiatischen Untertyp. Viel geringer ist auch die Bedeutung der Goldvererzung. Dafür jedoch ist die industrielle Bedeutung der Kupfervererzung wesentlich höher als im ostasiatischen Untertyp, wo industrielle Kupferlagerstätten praktisch fehlen. Gleichzeitig spielt die Silber-Blei-Zink-Vererzung eine wesentlich größere Rolle. Die eigenartigen hydrothermalen Siderit-Hämatit-Lagerstätten des Eisens sind äußerst bezeichnend für den westeuropäischen Mineralisationstyp, während im ostasiatischen Typ die magmatogenen Eisenerzlagerstätten fast völlig fehlen, wenn man nicht die wenigen und sehr kleinen kontakt-metasomatischen Lagerstätten des Magnetits (Transbaikalien, Fernostküste) berücksichtigt.

Sehr grundlegend ist der Unterschied zwischen den zwei Untertypen der Mineralisation äußerer Zonen in bezug auf die Mineralbildner und die Zusammensetzung der Gangminerale. Im ostasiatischen Untertyp bildet der Quarz das charakteristischste Gangmineral. Mit ihm zusammen werden oft in bedeutenden Mengen auch Turmalin und Eisenchlorite angetroffen. Bor ist gleichfalls einer der sehr charakteristischen Mineralbildner in diesem Untertyp metallogenetischer Provinzen. Auf dieses Element ist das Auftreten bedeutender Turmalinmengen in den Lagerstätten fast aller Metalle (Gold, Molybdän, Zinn, Wolfram, Zink, Blei u. a.) zurückzuführen. Außer in hydrothermalen Lagerstätten wird eine bedeutende Bormineralisation auch in kontaktmetasomatischen Lagerstätten beobachtet. Karbonate und Fluorit spielen als Gangmineral im ostasiatischen Untertyp der Mineralisation eine sehr untergeordnete Rolle, Baryt fehlt praktisch.

Im westeuropäischen Untertyp der Mineralisation verbleibt der Quarz als eines der hauptsächlichen Gangminerale, doch ist er nicht selten in Form von Hornstein- und Chalzedonvarietäten anzutreffen, was auf eine geringe Bildungstiefe der Lagerstätten hinweist. Turmalin besitzt eine wesentlich geringere Verbreitung und ist nur an die Zinn-Wolfram-Lagerstätten gebunden. Hingegen sind die verschiedenen Karbonate, Baryt und Fluorit als Gangminerale von Erzlagerstätten besonders weit verbreitet; Baryt und Fluorit bilden nicht selten auch selbständige Lagerstätten von großer industrieller Bedeutung. Nicht zufällig nimmt Europa, im ganzen gesehen, den führenden Platz in der Gewinnung von Baryt, Witherit und Fluorit ein. Das Vorhandensein von Eisen, vorwiegend in Form von Sauerstoffverbindungen (Hämatit, Siderit), und die starke Beteiligung von Karbonaten und Sulfaten an der Zusammensetzung der Gangmineralien weist auf die wichtige Rolle des Sauerstoffes als Mineralbildner hin.

Solche typischen Metalle basischer und ultrabasischer Magmen wie Platin, Chrom und Titan fehlen praktisch in beiden Untertypen der Mineralisation äußerer Zonen.

Somit weisen die metallogenetischen Provinzen der westeuropäischen und ostasiatischen Unterart, wenn man von ihren bedeutenden Ähnlichkeitsmerkmalen absieht, wesentliche Unterschiede auf, die es nicht erlauben, sie in einer Gruppe zu vereinen. Diese Unterschiede zeigen sich nicht nur im Komplex der charakteristischen Metalle, sondern auch in der Zusammensetzung der Mineralbildner und der Gangminerale.

Sehr interessant ist das Verhalten des Eisens in den verschiedenen Typen der metallogenetischen Provinzen in Abhängigkeit von der Zusammensetzung der Mineralbildner. In den metallogenetischen Provinzen der inneren Zonen geht Eisen in überwiegender Menge in Zusammensetzungen wie Kiese und Magnetit-, Titanomagnetit- und Apatit-Magnetit-Erze ein (die Mineralbildner sind Schwefel, Titan, Phosphor, teilweise Sauerstoff). In den Provinzen des westeuropäischen Untertyps bildet Eisen in der Hauptsache Hämatit- und Sideriterze (Mineralisatoren sind Sauerstoff und Kohlensäure). Das Eisen bildet in den Provinzen des Ostasiatischen Untertyps fast keine Lagerstätten, doch ist es in geochemisch gewaltigen Mengen in den Eisenturmalinen (Mineralbildner ist Bor) und teilweise in den Eisenchloriten enthalten.

Die Sedimentationsprozesse ergeben, wie schon bemerkt, nicht so schroffe geochemische Unterschiede zwischen den verschiedenen Typen orogener Zonen. Wenn man die Mächtigkeiten der eigentlichen Sedimentgesteine betrachtet, so könnte man etwa nur eine erhöhte Bedeutung der karbonatischen (und vulkanogenen) Fazies in den inneren Zonen der metallogenetischen Gürtel und der terrigenen Fazies in den äußeren Zonen konstatieren. Trotzdem zieht die Verteilung einiger sedimentärer Lagerstättentypen unwillkürlich die Aufmerksamkeit auf sich. So zum Beispiel fällt sofort auf, daß die sedimentären Manganlagerstätten und die Lagerstätten geosynklinaler Bauxite bestimmt zu solchen metallogenetischen Provinzen tendieren, die von uns als die inneren Zonen metallogenetischer Gürtel bezeichnet wurden (Ural, Ost- und Westsajan, Kaukasus, Balkan, Ungarn usw.). Umgekehrt tendieren die sedimentären Lagerstätten von Strontiummineralien (Cölestin, Strontianit) zu den metallogenetischen Provinzen des westeuropäischen Untertyps (Deutschland, Großbritannien). Eine solche Gesetzmäßigkeit spricht dafür, daß außer der klimatischen Situation und den faziellen Verhältnissen der Becken, in denen sich diese Lagerstätten bildeten, das Vorhandensein primärer Metallquellen eine bedeutende Rolle spielt, die man im Magma und in den Prozessen der magmatogenen Mineralisation zu suchen hat. Jedenfalls ist es nicht unwichtig, diese rein empirische Gesetzmäßigkeit bei der Aufstellung einer metallogenetischen Charakteristik für diese und jene Provinzen im Auge zu behalten.

Der vom Verf. unternommene Versuch, die orogenen Zonen in verschiedene geochemische Typen nach dem Charakter ihres Magmatismus und der mit ihm verbundenen Mineralisation einzuteilen, stellt nur ein erstes angenähertes Schema dar. Nichtsdestoweniger zeigt es deutlich, daß nicht alle orogenen Zonen eine ähnliche geochemische Charakteristik besitzen und daß sie nach den aufgezählten Merkmalen in wenigstens drei Typen untergliedert werden können. Die vom Verf. festgestellten geochemischen Besonderheiten eines jeden der drei Typen können bei der Bestimmung der Perspektiven ganzer metallogenetischer Provinzen auf verschiedene Metalle sowie bei der Auswahl der Richtung der Erkundungsarbeiten verwendet werden.

Zusammenfassung

Es wird der Versuch unternommen, die orogenen Zonen nach dem Charakter ihres Magmatismus in wenigstens drei geochemische Typen einzuteilen. Die geochemischen Besonderheiten jedes dieser drei Typen können als Grundlage bei der Wahl der Erkundungsmethodik dienen.

Резюме

Сделана попытка разделить орогенические зоны по характеру их магматизма по крайней мере на три геохимических типа. Геохимические особенности каждого из этих трех типов могут служить основой при выборе методов разведки.

Summary

An attempt is made to classify orogenetic zones in at least three geochemical types in accordance with the character of their magmatism. Geochemical particularities of each of the three types may be the basis for a choice of reconnaissance methodics.

Die Betonkieslagerstätte Borna-Ost, eine Lagerstätte im Abraum der Braunkohle

DIETER HÄNDEL, Leipzig

1. Einleitung

Die Vorräte an brauchbaren Betonzuschlagstoffen in der näheren Umgebung von Leipzig sind begrenzt und dürften in den nächsten Jahren erschöpft sein. Andererseits steigt der Bedarf durch die verstärkte Bautätigkeit stark an, besonders durch die Anwendung industrieller Bauweisen. Als Betonzuschlagstoff werden im Raum Leipzig überwiegend Ablagerungen eiszeitlicher Flußläufe verwendet. Ein nicht unbedeutender Teil dieser Flußschotter liegt über den Braunkohlenablagerungen des Weißelsterbeckens und wird beim Abbau der Kohle im Tagebau zusammen mit den übrigen Deckschichten verkippt, so daß er für die Baustoffindustrie verloren ist. Lediglich im Tagebau Miltitz (Landkreis Leipzig) werden seit einiger Zeit (vgl. HOHL 1958, S. 32) rißglaziale Elsterschotter mit gewonnen, soweit nicht die Kohleförderung dadurch beeinträchtigt wird.

Da das Kohlenfeld Miltitz in Kürze ausgebeutet ist, war es erforderlich, neue Kiesvorkommen zu erschließen. Um einen optimalen Abbau eines solchen Vorkommens zu erreichen, kam es darauf an, ein noch nicht aufgeschlossenes Kohlenfeld mit genügend Kiesvorräten im Deckgebirge zu finden, um von vornherein den Tagebau so zu projektieren, daß ein getrennter Kiesabbau ständig gewährleistet ist. Dafür eignet sich das Kohlenfeld Borna-Ost, das östlich von der Fernverkehrsstraße

Nr. 95 (Leipzig—Karl-Marx-Stadt) zwischen Kesselshain und Neukirchen liegt. Mit den Aufschlußarbeiten wurde am 1. Mai 1959 begonnen, die Förderung im Regelbetrieb soll 1962 aufgenommen werden.

Borna-Ost ist damit der erste Tagebau der DDR, in dem neben der Braunkohle planmäßig und kontinuierlich Betonkies abgebaut werden soll. Ein Beschluß darüber wurde vom Bezirkstag Leipzig im Januar 1959 gefaßt.

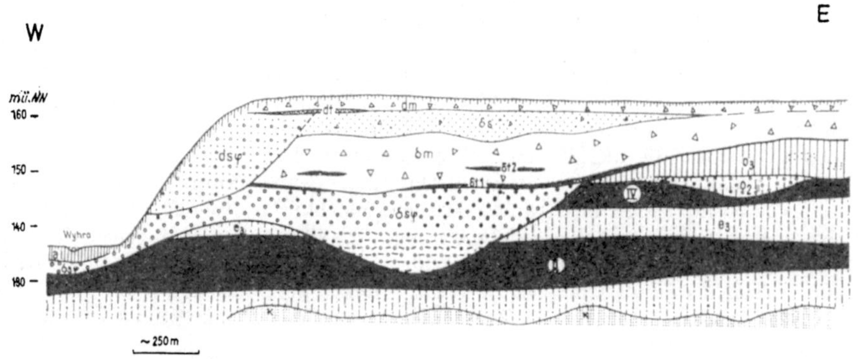

Abb. 1. Schematischer Schnitt durch das Kohlenfeld Borna-Ost

HOLOZÄN		al	Auelehm, sandig-schluffig, zuunterst tonig, rd. 2 m mächtig
MITTEL- JUNG-PLEISTOZÄN	Würm	δl	Lößlehm, wenige Dezimeter mächtig
	Riß (Hauptvorstoß)	dm	Geschiebelehm, hellbraun, sandig; durchschnittlich 2 m, seltener 5 und mehr Meter mächtig
		dt	Böhlener Bänderton, hellbraun, entkalkt (da nur wenige Meter unter Flur); rd. 1 m mächtig
		dsφ	Wyhraschotter: stark sandige Fein- bis Mittelkiese; Mächtigkeit nicht genau bekannt, mindestens 18 m; mit zahlreichen Schluffeinlagerungen
ALTPLEISTOZÄN	Mindel (2. Vorstoß)	δs	Schmelzwassersande: feinkörnige, lehmige Sande, z. T. kiesig; 2 bis 5 m mächtig; mit 0,5 bis 1 m mächtigen, geschiebelehmartigen Einlagerungen
		δm	Geschiebemergel, dunkelgrau, teilweise auch grünlich- oder bläulichgrau, mit zahlreichen bis haselnußgroßen, seltener größeren Geschieben; im altpleistozänen Wyhratal 8 bis 10 m, sonst 5 bis 6 m mächtig
		δt 2	Peniger Bänderton, dunkel- und hellgrau; 0,2 bis 0,5 m mächtig
	Mindel (1. Vorstoß)	δm	Geschiebemergel, wie oben, nur etwas toniger; rd. 2 m mächtig
		δt 1	Leipziger Bänderton, dunkel- und hellgrau; 0,5 bis 1 m mächtig
		δsφ	Wyhraschotter: sandige Fein- bis Grobkiese; Mächtigkeit in den tiefen Rinnen 15 bis 18 m, (davon die untersten 6 bis 8 m kohlehaltig), sonst 5 bis 6 m; mit gelegentlichen Schluffeinlagerungen von 0,2 bis 0,5 m Stärke
TERTIÄR	Oligozän	o 3	„Thierbacher Schichten" (nach G. MEYER, 1951): oben vorwiegend Ton, blaugrau, fett, z. T. sandig,
		o 2	unten vorwiegend Sande und tonige Kiese
	Obereozän	e 3	Feinsande, Schluffe und Tone mit zwei Braunkohlenflözen: „Böhlener" Oberflöz (Flöz IV nach G. MEYER), rd. 4 m mächtig; und „Bornaer" Hauptflöz (Flöz II nach G. MEYER), rd. 10 bis 12 m mächtig
		ϰ	kaolinisierter Buntsandstein (vgl. P. ENGERT, 1957)

2. Gang der Erkundung

In den Jahren 1909 bis 1916 wurden im Raum Borna-Ost bereits rund 60 Bohrungen niedergebracht und von R. GRAHMANN (1925) ausgewertet. Bohrproben haben ihm allerdings nicht vorgelegen, und es hat sich inzwischen herausgestellt, daß die Ergebnisse dieser Bohrungen im einzelnen recht unzuverlässig sind. 1954 wurde mit der systematischen Abbohrung des Kohlenfeldes Borna-Ost durch den VEB Braunkohlenwerk Thräna im 200-m-Abstand begonnen; der Teil, der zuerst abgebaut werden soll, wird zur Zeit im 141-m-Abstand abgebohrt. Eine geologische Aufnahme dieser Bohrungen ist zunächst nicht erfolgt. Erst Anfang 1959 wurde der Verfasser vom Geologischen Dienst Freiberg beauftragt, die Bohrungen geologisch zu betreuen und ein Gutachten über die Kiesvorräte im Deckgebirge der Kohle für den VEB Baustoffwerke Leipzig auszuarbeiten. So wurden von den rund 600 in der Zeit von 1954 bis Ende 1959 niedergebrachten Untersuchungs- und Brunnenbohrungen etwa 100 geologisch aufgenommen. Zur genaueren Analysierung des Kiesvorkommens wurden aus 25 Untersuchungsbohrungen, 15 Filterbrunnen und einem Entwässerungsschacht Kiesproben genommen und dem Deutschen Amt für Material- und Warenprüfung der DDR, Fachabteilung Bauwesen, Prüfdienststelle Leipzig, zur Untersuchung übergeben.

3. Geologische Verhältnisse im Raum Borna-Ost

Die Abb. 1 und die Tabelle geben einen schematischen Überblick über die geologischen Verhältnisse.

Im Altpleistozän floß durch den Westteil des Kohlenfeldes Borna-Ost ein Fluß, der etwa der heutigen Wyhra entspricht. Ein bis auf das Hauptflöz, stellenweise sogar bis in dessen Liegendes eingeschnittener Arm kam aus der Gegend von Neukirchen, ein anderer von Zedtlitz; beide vereinigten sich südöstlich vom Allodialgut Abtei (vgl. Abb. 2). Die damalige Landoberfläche ist in Abb. 2 dargestellt, sie senkt sich von rd. 160 m ü. NN bei Neukirchen bis auf rd. 150 m ü. NN bei Kesselshain, während die altpleistozäne Wyhra sich bei Neukirchen bis auf 146 m ü. NN und bei Kesselshain bis auf 128 m ü. NN eingeschnitten hat. Als mit fortschreitender Klimaverschlechterung die Wyhra aufzuschottern begann, wurden zuerst die tiefen Rinnen mit einem mehr oder weniger stark kohlehaltigen Kies ausgefüllt. (Die von der Wyhra erodierte Braunkohle wurde in feinen Bröckchen bis zu 1 mm, seltener bis zu 5 mm Durchmesser gleichmäßig im Kies verteilt abgelagert). Anschließend wurden auch die höhergelegenen Gebiete bis auf zwei Inseln (vgl. Abb. 2) mit Schottern bedeckt, die jedoch keine Kohle enthalten. Entsprechend ihrem Charakter als Flußablagerungen treten in unterschiedlicher horizontaler und vertikaler Verbreitung 0,2 bis 0,5 m mächtige Schluffeinlagerungen auf. Eine Häufung ist im Stromschatten der beiden Inseln zu beobachten.

Eine Auszählung von Geröllbestandteilen der Kiesproben aus Bohrung 541 a/59 ergab bei der Korngruppe 7/15 mm:

822 Stck	(88 %)	Quarze verschiedener Herkunft	
24 „	(2,6%)	Phyllitquarze	Alt-paläo-zoikum
19 „	(2,1%)	Quarzit, hellgrau, feinkörnig	
10 „	(1,1%)	Serizitquarzit, weißlichgrau	
10 „	(1,1%)	Kieselschiefer	
2 „	(0,2%)	Schiefer, hellgrau, quarzitisch	

Abb. 2. Isohypsen der Pleistozänbasisfläche und Verbreitung der altpleistozänen Wyhraschotter im Raum Borna-Ost

11 Stck	(1,2%)	Porphyrit	
4 „	(0,5%)	Frohburger Quarzporphyr	Rotliegendes
2 „	(0,2%)	Wolftitzer Porphyrtuff („Bandjaspis")	Rotliegendes
25 „	(2,7%)	Sandstein, grau, mittel- bis grobkörnig	Buntsdst.

Der hohe Anteil an Quarz dürfte durch die Aufarbeitung tertiärer Kiese bedingt sein. Die Phyllitquarze, Quarzite und Kieselschiefer sind wahrscheinlich aus der Gegend von Waldenburg am Rande des Granulitgebirges herzuleiten, während die übrigen Gerölle aus der Gegend von Frohburg stammen dürften. Charakteristisch ist der Wolftitzer Porphyrtuff in seiner verkieselten Abart, dem sogenannten Gnandsteiner Bandjaspis, der in dieser Ausbildung nur in einem kleinen Gebiet von weniger als 1 km² zwischen Wolftitz und Gnandstein (Kreis Geithain) vorkommt. Das Auftreten solcher Gerölle in den altpleistozänen Wyhraschottern zeigt deutlich, daß die Wyhra damals etwa den gleichen Verlauf wie heute hatte.

Die Oberfläche der Schotter senkt sich — soweit sie nicht durch Eisdruck später gestört wurde — von rd. 158 m ü. NN bei Neukirchen bis auf rd. 145 m ü. NN bei Kesselshain. Bei einer Entfernung von rd. 7 km ergibt das ein Gefälle von rd. 1:500. Das im Altpleistozän von der Wyhra geschaffene Tal wurde von ihr nicht vollständig wieder ausgefüllt. Der Niveauausgleich erfolgte erst durch die mindelglaziale Moräne. Der über den Schottern lagernde Bänderton („Leipziger Bänderton" nach Grahmann, 1925) reicht bereits über ihr Verbreitungsgebiet hinaus und liegt in einem etwa 500 m breiten Streifen direkt auf tertiären Schichten.

Etwa 2 m über ihrer Basis ist der altpleistozänen Moräne örtlich ein Bänderton eingelagert, der dem sog. „Peniger Bänderton" entspricht. Er wurde freilich nur in etwa 10 weit verstreut liegenden Bohrungen angetroffen. Man darf aber annehmen, daß er in zahlreichen Bohrlöchern wegen seiner geringen Mächtigkeit überbohrt wurde. Vermutlich reichte dieser obere Bänderton nicht über das Verbreitungsgebiet des unteren hinaus (vgl. Abb. 3).

In unregelmäßiger Höhenlage und Mächtigkeit treten im altpleistozänen Geschiebemergel Linsen von kiesigem Sand auf. Wie im Tagebau Borna-Borna (westlich von Borna) und jetzt auch in der Aufschlußfigur Borna-Ost zu beobachten ist, haben diese Linsen eine horizontale Erstreckung von nur wenigen Metern und entsprechen wahrscheinlich Wasserläufen im Eis.

Die mittelpleistozänen Wyhraschotter, deren Verbreitung etwa mit dem heutigen Wyhralauf übereinstimmt, sind wesentlich feinkörniger als die alteiszeitlichen Schotter; auch treten schluffige Einlagerungen häufiger auf. Die Geröllführung ist ebenfalls eine andere: Quarze bilden nur etwa die Hälfte des Geröllmaterials. Charakteristisch sind Feuersteine, nordische Granite und Porphyre, aber auch einheimische Porphyrtuffe und Porphyrite, so daß diese Schotter im Gegensatz zu den hellgrauen altpleistozänen ein buntes Aussehen haben. Ihre Oberfläche ist nur noch am Allodialgut Abtei südöstlich von Borna erhalten, wo sie bei rd. 160 m ü. NN liegt.

4. Betontechnologische Charakteristik der Kiese im Raum Borna-Ost

Von den verschiedenen Kiesen, die im Raum Borna-Ost zur Ablagerung gekommen sind, eignen sich nur die altpleistozänen Wyhraschotter als Betonzuschlagstoff, wie die Bohrungen und die Untersuchungen des DAMW gezeigt haben (s. u.).

Die tertiären, vermutlich mitteloligozänen Kiese im Ostteil des Kohlenfeldes gehören vorwiegend der Korngruppe 0/7 mm an, sind also im Sinne der DIN 1045 nur als Betonsand anzusprechen. Die Korngruppe 7/15 mm ist gering, die Korngruppe 15/30 mm fast nicht vertreten. Außerdem ist der Gehalt an abschlämmbaren Bestandteilen zu hoch. Es handelt sich dabei um Ton, der gleichmäßig im Kies verteilt ist. In geringen Mengen ist Braunkohle vorhanden.

Die altpleistozänen Schmelzwassersande und -kiese führen Einlagerungen von Grundmoräne und bestehen vorwiegend aus lehmigem Sand, der nur in geringem Prozentsatz Kies enthält.

Die mittelpleistozänen Wyhraschotter entsprechen in ihrer Kornzusammensetzung etwa einem Betonsand. Die Korngruppen 7/30 mm sind nicht ausreichend vertreten. Lehmige und schluffige Einlagerungen sind häufig, so daß diese Schotter als Betonzuschlagstoff ungeeignet sind. Da sie aber keine organischen Bestandteile enthalten, können sie als Bausand verwendet werden und werden z. Z. in einer Grube in Zedtlitz (südlich von Borna) abgebaut.

Die kohlefreien altpleistozänen Wyhraschotter sind als Betonzuschlag sehr gut geeignet. Die in den tiefen Rinnen liegenden kohlehaltigen Kiese scheiden dagegen von vornherein aus. Die brauchbaren Schotter wurden in rd. 40 Analysen durch das DAMW, Fachabteilung Bauwesen, Prüfdienststelle Leipzig, unter Leitung von Dipl.-Ing. ETTEL untersucht. Die Ergebnisse haben gezeigt, daß es sich um einen Betonzuschlagstoff der Korngruppe 0/30 mm handelt. Der Anteil an Überkorn beträgt 5 bis 10%, ist also nach DIN 4226 noch zulässig. Das Überkorn gehört vorwiegend zur Korngruppe 30/50 mm, seltener 50/70 mm. Die Kornverteilungskurven liegen sämtlich im „brauchbaren", zum großen Teil im „besonders guten" Bereich der Betonzuschlagstoffe nach DIN 1045. Die Form der Gerölle ist zu 99,8% angenähert kugelig oder würfelig, d. h. für Betonzuschlag gut geeignet. Lediglich 0,2% (Schiefer) sind plattig und frostgefährlich. Rd. 97% der Gerölle sind

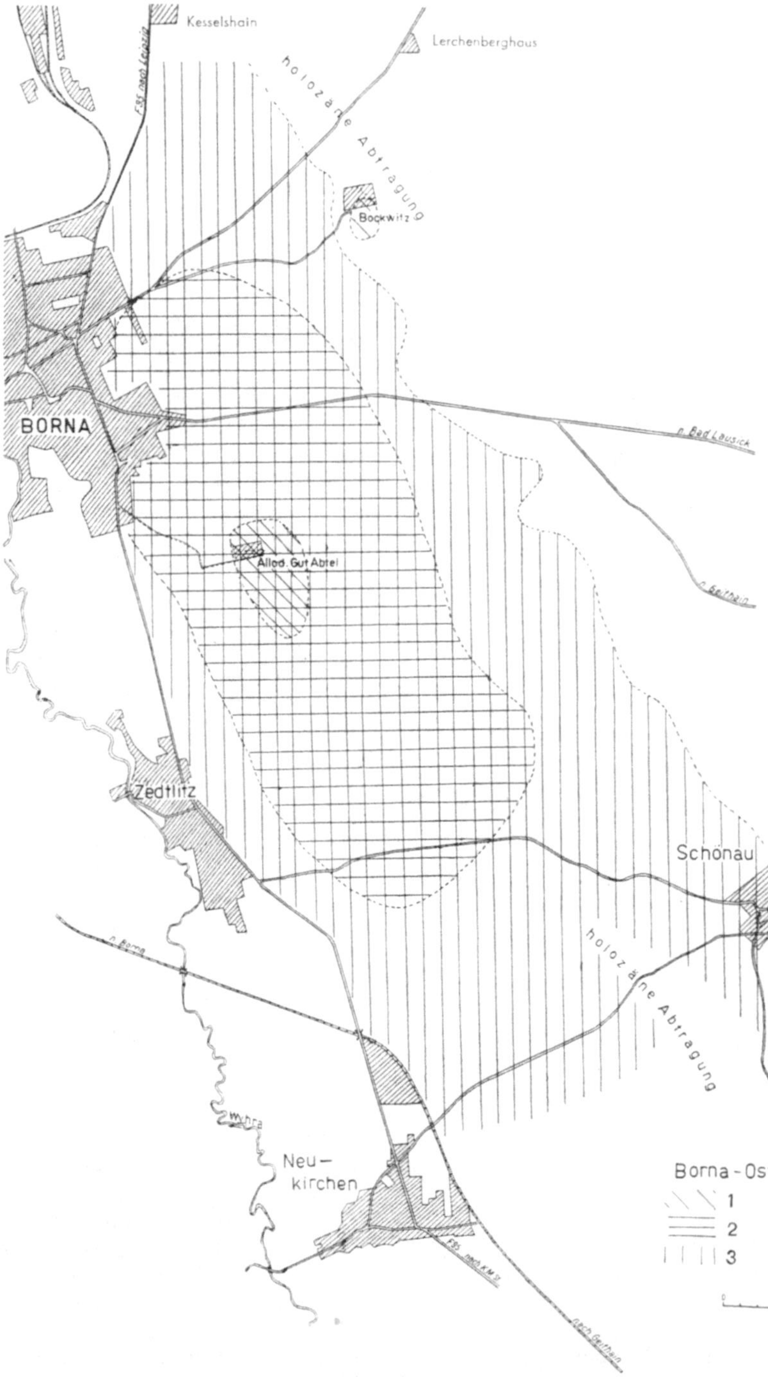

Abb. 3. Verbreitung der Bändertone im Raum Borna-Ost
1 – Böhlener Bänderton (dt). 2 – Peniger Bänderton (δt2). 3 – Leipziger Bänderton (δt1)

hart bis sehr hart (Quarze, Quarzite, Kieselschiefer, Porphyre), nur 3% sind absandend und rissig (Buntsandstein).

Der Gehalt an abschlämmbaren Bestandteilen darf nach DIN 1045 bis zu 3% betragen. Er liegt im allgemeinen zwischen 1 und 3%, teilweise beträgt er aber 6 bis 8%, seltener bis zu 12%. Die abschlämmbaren Bestandteile treten in Form von Schlufflinsen auf, die bei der Gewinnung als Klumpen anfallen. Eine Untersuchung der horizontalen Verbreitung der Schluffeinlagerungen ergab (HÄNDEL 1959), daß sie vorwiegend im Stromschatten der beiden Inseln zwischen Zedtlitz und Schönau auftreten. Dieser Teil der Kiese wird nicht abgebaut werden. Hinweise für die zukünftige Gewinnung gab vor allem die Erarbeitung paläogeographischer Karten. Wegen der hin und wieder im übrigen Bereich auftretenden Schluffeinlagerungen wurde empfohlen, in jeder Schicht einen Stoßbeobachter einzusetzen, der im einzelnen entscheiden soll, welche Abraumzüge auf die Kippe und welche zur Kiesverladestelle gefahren werden.

Die Mächtigkeit des nutzbaren Kieses beträgt im Durchschnitt 7 m, die des Deckgebirges über dem Kies rd. 15 bis 20 m, so daß der Kies nicht im Vorlauf vor dem Braunkohlenabbau mit den in der Steine- und Erden-Industrie üblichen Geräten abgebaut werden kann. Er muß vielmehr mit den Großgeräten des Braunkohlenbergbaus gleichzeitig mit dem Abraum der Kohle abgebaggert werden. Dadurch fallen täglich so große Mengen an, daß deren Aufbereitung (Siebung), Transport und Verarbeitung gar nicht möglich ist. Die Stadt Leipzig benötigt etwa ein Drittel der täglich anfallenden Kiesmenge; der übrige Teil wird zunächst auf eine besondere Halde gefahren, wo er bei Bedarf später von der Bauwirtschaft entnommen werden kann.

Zusammenfassung

Im Bereich des künftigen Tagebaus Borna-Ost (Bezirk Leipzig) lagern über der Braunkohle mächtige altpleistozäne Wyhraschotter. Die tieferen Teile dieser Schotter sind kohlehaltig, die obersten rd. 7 m dagegen als Betonzuschlagstoff gut geeignet. Das Deckgebirge über den Kiesen ist rd. 15 bis 20 m mächtig und besteht aus zwei altpleistozänen Bändertonen und Geschiebemergeln sowie Schmelzwassersanden; aus mittelpleistozänen Wyhraschottern, Bänderton und Geschiebelehm sowie aus jungpleistozänem Lößlehm. Auf Grund des Verhältnisses Decke zu Kies wie 2 zu 1 bis 3 zu 1 ist nur ein Abbau mit den Großgeräten des Braunkohlenbergbaus gleichzeitig mit dem übrigen Abraum über der Kohle möglich. Da dabei große Mengen anfallen, die die Baustoffindustrie nicht sofort abnehmen kann, ist eine besondere Kieskippe vorgesehen.

Резюме

В районе будущей открытой разработки в Борна-Ост (округ Лейпциг) над бурым углем залегают мощные древне-плейстоценовые щебни р. Виры. Нижние слои этого щебня содержат уголь, верхние же слои (приблизительно 7 м) пригодны для изготовления присадки для бетона. Покровная толща над залежами гравия имеет мощность в 15—20 м и сложена двумя древне-плейстоценовыми слоями ленточных глин, валунным мергелем, а также песками талых вод; средне-плейстоценовым щебнем р. Виры, ленточной глиной и валунными суглинками, а также молодыми плейстоценовыми лессовыми суглинками.

Из-за соотношения покровной толщи к гравию как 2:1 до 3:1, разработка может проводиться только крупными агрегатами, применяемыми при добыче бурого угля с одновременным снятием покрова над угольными пластами. Так как при этом добываются крупные количества гравия, превышающие в данный момент запрос строительной промышленности, то предусмотрено устроить специальную насыпь для гравия.

Summary

In the area of the future opencast at Borna-East (Leipzig district), thick layers of Wyhra gravel of the Early Pleistocene are stored above the brown coal. The deeper parts of these gravels contain coal, while their highest parts of about 7 metres are well suited as concrete aggregate for beton. The surface-rock above the gravels has a thickness of about 15 to 20 metres and consists of two Early Pleistocene varved clays as well as boulder clays and fluvioglacial sands, furthermore of Middle Pleistocene Wyhra gravels, varved clay and boulder clay, finally of Upper Pleistocene loess loam.

As the surface of the layers and the gravel are in the ratio of 2:1 up to 3:1, working can only be executed with major equipment used in brown coal mines, simultaneously with the remaining overburden overlying the coal. Owing to the large amount of gravel available, which cannot be taken by the building materials industry at once, a spezial gravel tip is provided.

Literatur

ENGERT, P.: Der prätertiäre Untergrund von Nordwestsachsen und seine Tektonik. — Ber. geol. Ges. DDR, 2, 165—176, 1957.
GRAHMANN, R.: Diluvium und Pliozän in Nordwestsachsen. — Abh. Math.-phys. Kl. sächs. Akad. Wiss., 39, Nr. 4, Leipzig 1925.
HÄNDEL, D.: Geologisches Gutachten über die Kiesvorräte im Bereich des zukünftigen Braunkohlentagebaus Borna-Ost (Bezirk Leipzig). — Unveröffentlicht. Archiv des Geologischen Dienstes Freiberg, 1959.
HOHL, R.: Die Braunkohlenerkundung in Nordwestsachsen. — Z. angew. Geol., 4, 27—33, 1958.
MEYER, G.: Der Einfluß der geologischen Strukturen im Meuselwitz-Bornaer Braunkohlenrevier auf Planung und Abbau. — Freiberger Forschungsheft 1 (Sonderheft), 1951.

Karten, Risse und Pläne als Unterlagen für die Vorratsberechnung von Lagerstätten

ALBERT NESTLER, Gommern

Nach den Richtlinien der Zentralen Vorratskommission über Form und Inhalt von Vorratsberechnungen muß eine Vorratsberechnung neben einem geologischen Erkundungsbericht, den Vorratsberechnungstabellen und Unterlagen über die Dokumentation graphisches Material, d. h. markscheiderische Karten, Risse und Pläne, enthalten, soweit die Vorratsberechnungen von Bergbaubetrieben und dem Zentralen Geologischen Dienst bzw. den Geologischen Diensten eingereicht werden. Als wichtigste Karten, Risse und Pläne, die den Vorratsberechnungen beizufügen sind, werden in diesen Richtlinien genannt:

1. Übersichtskarten, aus denen die geologische Lage des Lagerstättengebietes hervorgeht;
2. Übersichtsrisse, die eine Übersicht über die Lagerstätte gestatten;
3. Sohlengrundrisse;
4. Schnittrisse;
5. Risse und Karten anderer Art, soweit sie zur übersichtlichen Darstellung der Lagerstätte notwendig sind;

6. Vorratspläne, aus denen die Blockeinteilung hervorgeht und in denen die Werte enthalten sind, die in die Vorratsberechnung eingehen.

Dem Sinn und Wortlaut dieser Richtlinien nach (Abschn. III, Buchstabe c, Absatz 3) ist für diese Risse eine markscheiderische Grundlage erforderlich. Diese Notwendigkeit geht auch aus der unter der Leitung von NEUBERT (1955) erarbeiteten TGL 6429 Markscheidewesen, Bergmännisches Rißwerk, Richtlinien für Herstellung und Ausgestaltung klar hervor. Hier ist unter 1.01 — Aufbau des Bergmännischen Rißwerkes — eindeutig gezeigt, daß alle diese Unterlagen Bestandteile des Grubenrißwerks sind. Nach § 4 Buchst. a der Anordnung über die Berufsausübung der Markscheider — Markscheiderordnung — vom 23. 7. 1957 (siehe Lit.) hat der Markscheider das für die Planung, Leitung und Überwachung der Bergbaubetriebe erforderliche bergmännische Rißwerk anzufertigen, nachzutragen und zu beurkunden. Die Notwendigkeit dieser Planung, Leitung und Überwachung muß in Gesetzen, Verordnungen, Anordnungen oder Verfügungen begründet sein. Eine derartige Verordnung ist die Verordnung über die Bildung einer Zentralen Vorratskommission für mineralische Rohstoffe (siehe Lit.), die als eine der Aufgaben dieser Kommission in § 2, Abs. 5, Buchst. c die Herausgabe von Instruktionen über Form und Inhalt von Vorratsberechnungen, der geologischen Berichte und sonstiger notwendiger Unterlagen nennt. Diese bereits obengenannten Richtlinien nennen die Karten, Risse und Pläne, die nach der TGL 6429 Bestandteile des Grubenrißwerks sind.

Leider wurden alle diese gesetzlichen Vorschriften, nach denen die Anfertigung, Nachtragung und Beurkundung der rißlichen Unterlagen der Vorratsberechnung dem Markscheider obliegen, in nur wenigen Fällen beachtet. Aus diesem Grunde konnten die von SIEMENS (1959) genannten wichtigen Funktionen der Standards nicht wirksam werden, weil die Vorratsberechnungen einreichenden Betriebe die TGL 6429 nicht beachtet haben. Er nennt neben der obenbehandelten Rechtsfunktion u. a. die Gütefunktion, die Ordnungsfunktion, die Verkehrsfunktion und die energetische Funktion, die ein Standard zu erfüllen hat. Wenn auch alle diese Begriffe in erster Linie im Hinblick auf rein produktionstechnische Vorgänge abgestimmt sind, so lassen sie sich doch ohne weiteres auf Fragen der Vorratsberechnung übertragen.

Es ist notwendig, daß in vielen Fällen die Güte und Qualität der rißlichen Unterlagen verbessert werden. Alle hierzu notwendigen Anweisungen gehen aus der TGL 6429, Abschnitt 1 — Form und Inhalt des Rißwerks — hervor. Hier sind vor allem geregelt: Papierformat, Faltung auf DIN A 4, Normschriften, zeichnerische Grundlagen, Begriffsbestimmungen, Blatteinteilung, Blattgestaltung, Gestaltung des Titelblattes und Farbgebung. Würden die Vorschriften alle eingehalten, so würde sich die Qualität der Risse wesentlich verbessern, obwohl sich der Aufwand nur wenig erhöhen würde.

Mit der Gütefunktion des Standards steht eine Ordnungsfunktion in unmittelbarem Zusammenhang. Eine einheitliche Form erleichtert sowohl die Arbeit des Bearbeiters als auch die des Auswertens und der Kontrolle. Nur durch eine einheitliche Form und durch Anwendung von einheitlichen Signaturen ist die Vergleichbarkeit der Vielzahl von Unterlagen der verschiedenen Lagerstätten möglich. Die Risse sollen nicht nur vom Bearbeiter gelesen werden können, der die Grube und die geologischen Eigenschaften der Grube kennt, sondern sie sollen auch allen grubenfremden Fachleuten einen sofortigen Einblick in die betreffenden Verhältnisse gestatten. Sie sollen die Tektonik, Stratigraphie, Vorratslage und die bergtechnischen Gegebenheiten übersehen lassen, ohne daß erst der Bearbeiter persönlich die notwendigen Erklärungen abgeben muß.

Hier schafft die TGL 6429 Abhilfe. Sie schreibt in Abschnitt 2 — Zeichen für Grubenbaue — und in Abschnitt 3 — geologische Zeichen — einheitliche Signaturen vor. Es ist unbedingt notwendig, daß die hier vorgeschriebenen Zeichen benutzt werden, da sonst die Bearbeitung der Vorratsberechnung in der ZVK erschwert wird. Es ist auch nicht einzusehen, weshalb die geologischen Zeichen nicht einheitlich eingeführt werden sollten, haben doch an ihrer Erarbeitung namhafte Geologen mitgewirkt. Ein Vergleich der vielgestaltigen Verhältnisse ist ohne Standards einfach nicht mehr denkbar.

Zwei weitere von SIEMENS genannte Funktionen der Standards sind die Verkehrsfunktion und die energetische Funktion. Auf der einen Seite beinhaltet die Verkehrsfunktion Fragen der Koordinierung und Festlegung der Zuständigkeitsbereiche, und auf der anderen Seite ist die energetische Funktion durch Vermeiden der Verschwendung von Volkseigentum charakterisiert.

Es ist wirtschaftlich nicht zu vertreten, daß vom Geologen das gleiche kartiert wird, was der Markscheider bereits tat. Diese vermeidbare Doppelarbeit wirkt sich außerordentlich hinderlich auf die Zusammenarbeit von Markscheidern und Geologen aus. Es geht doch nicht um die größere Bedeutung des einen oder des anderen Berufes, sondern es ist notwendig, daß durch sinnvolle Arbeitsteilung die Planungsunterlagen für den Bergbau den praktischen Erfordernissen entsprechen. Dies ist in der TGL 6429 unter 3.154 folgendermaßen formuliert: „Wegen § 37 (1)b der Anordnung über die Berufsausübung der Markscheider sind alle vorstehend genannten Unterlagen in den Markscheidereien zu sammeln und bei der Anfertigung des Lagerstättenarchivs zu berücksichtigen.“ Zu diesen Unterlagen gehören auch die geologischen Unterlagen. Der Geologe wird so in Fragen der Darstellung weitgehend entlastet und für seine eigentlichen Aufgaben frei gemacht.

Wenn die Karten, Risse und Pläne, die zur Vorratsberechnung gehören, vom Markscheider nach den gesetzlichen Bestimmungen angefertigt und beurkundet werden, so wird damit ein wichtiger Beitrag dazu geleistet, daß für die Planung die Unterlagen in der notwendigen Qualität und Form vorliegen.

Literatur

NEUBERT, K.: Das Lagerstättenarchiv, die Grundlage bergmännischer Planungsarbeiten. — Freiberger Forschungshefte A 42, Akademie-Verl., Berlin 1955.

SIEMENS, H.: Funktionen der Standardisierung. — Standardisierung, 5, Sonderheft 10, Berlin 1959.

Richtlinien der ZVK über Form und Inhalt von Vorratsberechnungen vom 6. 2. 1957. — Z. angew. Geol., **3**, H. 4, S. 189—191 (1957).

TGL 6429 — Markscheidewesen, Bergmännisches Rißwerk, Richtlinien für Herstellung und Ausgestaltung. — Anordnung 63 v. 13. 9. 1958, veröff. im GBl T. II/1958, Nr. 22 und in „Standardisierung“, H. 11, 1958; durch AO Nr. 80 vom 14. 5. 1960 zurückgezogen, veröff. im GBl. T. II/1960, Nr. 18; wird demnächst als Fachbereichsstandard erlassen.

Anordnung über die Berufsausübung der Markscheider — Markscheiderordnung — vom 23. 7. 1957. — GBl. der DDR, S.-A. 265 vom 6. 11. 1957.

VO über die Bildung einer Zentralen Vorratskommission für mineralische Rohstoffe v. 3. 5. 1956. — GBl. der DDR T. I/1956, Nr. 45.

Begutachtung von Erzlagerstätten und bergbauliche Aufschlußprojektierung

ERICH MÜLOT, Leipzig

1. Einleitung

Die Klassifikation von Mineralvorräten ist in ihren Grundfragen seit geraumer Zeit Gegenstand umfassender Diskussionen gewesen. Von den maßgeblichen Fachleuten vieler Länder wurden die Begriffe Lagerstätte, Erz, Erzvorräte u. a. vielfach sehr unterschiedlich definiert. Auch in der Beurteilung der Lagerstättenvorräte im Hinblick auf die Bauwürdigkeit gingen die Meinungen der Geologen oft weit auseinander. Während man bei uns — und das mit gutem Grunde — die Bauwürdigkeit als eine technisch-ökonomische Frage behandelt wissen will, spaltet man anderwärts den Begriff als solchen auf, spricht von Gewinnbarkeit und Bauwürdigkeit und trennt damit die technische von der wirtschaftlichen Seite. Von einander abweichend waren und sind z. T. auch die Ansichten über die zweckmäßigste Einteilung der Vorräte in Gruppen und Klassen.

Bei aller Unterschiedlichkeit der Auffassungen zeigen diese von den Geologen sehr sachlich geführten Diskussionen eindeutig, daß allerwärts, unabhängig von der jeweils vorliegenden Wirtschaftsform, die Notwendigkeit besteht, eine umfassendere Übersicht über die gewinnbaren Mineralvorräte zu erhalten. Diese entspringt nicht zuletzt der Tatsache, daß es überall, insbesondere im Erzbergbau, entscheidender Überlegungen bedarf, um neu aufzuschließende, z. T. in ihrem Gehalt ständig geringer werdende Lagerstätten wirtschaftlich abbauen zu können. Es ist durchaus zu verstehen, daß die Vertreter der Geologie versuchen, ihre Auffassungen und Begriffsfestlegungen mit teils mehr, teils weniger Aussagekraft der Wirtschaftsform des Landes anzupassen, für das sie arbeiten. Es haben aber auch Bestrebungen zu Erfolgen geführt, die darauf ausgerichtet waren, zu gemeinsamen Auffassungen zu gelangen und unterschiedliche anzugleichen. In Zukunft werden sich vermutlich Länder mit gleicher Wirtschaftsform mehr und mehr solcher Festlegungen bedienen.

Durch viele Beiträge wurde diese Entwicklung von unseren Geologen gefördert. Ihre Auffassungen standen hier wie dort zur Diskussion, und die wissenschaftlichen Ergebnisse gemeinsamer Arbeit wurden in die geologische Praxis übertragen. Auch von seiten der Geologen des Auslandes wurden beachtliche und neue Gesichtspunkte vorgebracht. So analysierten beispielsweise BLONDEL & LASKY (1956) die unterschiedliche Beurteilung der Vorräte durch den Bergmann und den Wirtschaftler. Sie beschritten damit einen Weg, der Allgemeininteresse erregt und in gewissem Umfange in der Klassifizierung der Mineralvorräte der DDR REH (1956, H. 10) berücksichtigt wurde bzw. noch verstärkt berücksichtigt werden kann. Das Schema der Klassifikation von Mineralvorräten, das beispielsweise durch REH (1956, H. 4) angeregt wurde, läßt in seinen auf die Praxis abgestimmten Unterteilungen die genannte Unterschiedlichkeit der Auffassungen vermuten. Auch STAMMBERGER (1958) erkennt die Möglichkeit einer unterschiedlichen Betrachtungsweise an und grenzt in seinen Veröffentlichungen verschiedentlich die Aufgabengebiete ab. Es kann also festgestellt werden, daß von seiten der Geologen das Vorliegen dieses Bedürfnisses kaum abgestritten wird. Um so verwunderlicher ist es, daß bergbaulich und volkswirtschaftlich interessierte Kreise so wenig zu diesen Problemen zu sagen haben. Man gewinnt hierbei oft den Eindruck, daß die von den Geologen geführte Diskussion dieser Fragen, die doch von großer Bedeutung für die Entwicklung des Bergbaues sind, als eine Art Hausgespräch der Geologen hingenommen wird.

Es mag zutreffen, daß kapitalistische Unternehmungen hierüber sehr unterschiedliche Auffassungen vertreten können. Die Grundfragen der Klassifikation der Mineralvorräte sowie das sich für die geologische Praxis ergebende Verfahren wurden jedoch von unseren Geologen so weitgehend erörtert, daß durchaus die Möglichkeit gegeben ist, die hierüber vertretenen Ansichten zur bergbaulichen Praxis oder zu wirtschaftlichen Auffassungen in Beziehung zu bringen.

Die Instruktionen zur Klassifikation liegen teilweise vor. Ergebnisberichte und Vorratsberechnungen, überprüft durch die Zentrale Vorratskommission, dienen seit einiger Zeit der Projektierung und der ökonomischen Beurteilung als Grundlage, so daß gewisse Erfahrungen gesammelt wurden. Es ist also zu überprüfen, ob auch bei uns das Bedürfnis vorliegt, in diesem oder jenem Falle die Belange des Bergmanns oder des Wirtschaftlers vordringlich zu behandeln. Bei aller Anerkennung der hier geleisteten Arbeit und der Zweckmäßigkeit dieser Erörterungen wird der Bergmann und auch der Wirtschaftler zur Verfahrenspraxis und zu einer Abgrenzung der Zuständigkeit, die Doppelbearbeitung vermeidet, einiges zu sagen haben. Unseren Bergleuten und Wirtschaftlern müßte es möglich sein, eine Stellungnahme herauszuarbeiten, die allseitig befriedigt und in der Praxis den Auffassungen aller Beteiligten — hierunter sind Geologen, Bergleute und Wirtschaftler zu verstehen — gerecht wird.

Bei einer eingehenden Betrachtung der hier aufgeworfenen Fragen sind es auf seiten der Bergleute und Wirtschaftler weniger die Begriffsfestlegung oder die Einführung gewisser Fachausdrücke, die zu überprüfen wären; vielmehr ist es das Verfahren innerhalb der einzelnen Bearbeitungszweige, das sinnvoll aufeinander abzustimmen ist. Die Zeiten, in denen der Erzbergbau über Lagerstätten verfügte, deren Aufschluß keinerlei Risiko in sich barg, sind — zumindest bei uns — vorüber. Dem Entscheid, teils arme, teils schwer auszuwertende Lagerstätten aufzuschließen, gehen zumeist komplizierte technische und wirtschaftliche Erwägungen voraus. Diese erfordern vielfach bergtechnische oder maschinentechnische Gutachten, Konstruktionen u. ä., denen man eine ausreichende Zeit zubilligen muß. Es ist daher keinesfalls anzustreben, die Anzahl der Kontrollen über eine unter Zeitmangel leidende Bearbeitung zu erhöhen. Vielmehr muß die Möglichkeit geschaffen werden, im Verlaufe der Projektierung kurzfristig zu überprüfen und zu entscheiden. Eine umfassende Vorarbeit muß also eine eindeutig begründete Projektierung ermöglichen. Diese Bearbeitung sollte eine während der Lagerstättenuntersuchung vorgenommene Begutachtung mit enthalten.

Das erfordert eine Abgrenzung der Zuständigkeitsbereiche und klare Vorstellungen darüber, welche Entscheide den einzelnen Fachbereichen im Zuge der Aufschlußentwicklung zweckmäßigerweise zuzumuten sind. Im einzelnen werden diese Ausführungen in der Folge noch näher umrissen werden. Sie gehen jedoch davon aus, daß sich die von den Geologen getroffenen Festlegungen und Begriffsbestimmungen, soweit sie die geologische Praxis betreffen, zumeist bewährt haben und als gegeben anzunehmen sind.

2. Die Klassifikation der Erzlagerstättenvorräte und die Projektbearbeitung im Erzbergbau

Bei Grubenneuaufschlüssen geht der Bearbeitung des Investitionsprojektes in den meisten Fällen eine Vorplanung voraus.

Dieser Vorplanung eines volkswirtschaftlich wichtigen Vorhabens müssen der Ergebnisbericht und die durch die Zentrale Vorratskommission bestätigte Vorratsberechnung zugrunde gelegt werden. Die Anlagenentwicklung, die technische Ausstattung und die sich hieraus ergebenden wirtschaftlichen Erwägungen werden also auf ein abschließendes Urteil der Geologie ausgerichtet. Es seien deshalb zur besseren Übersicht die hauptsächlichsten Merkmale der Vorratsklassen den Projektierungsstufen gegenübergestellt, zu deren Bearbeitung die jeweilige Eingruppierung berechtigt.

Merkmale der Vorratsklasse:	Diese berechtigen in der Projektierung zu:
A_1-Vorräte	
vollständig erkundet durch bergmännische Arbeit, vierseitig begrenzt	Benutzung als Grundlage der Produktionsplanung
A_2-Vorräte	
eingehend erkundet durch bergmännische Arbeit und Bohrungen, dreiseitig begrenzt	Ausarbeitung des technischen Projektes und Bau der Betriebsanlagen
B-Vorräte	
erkundet durch bergmännische Arbeit und Bohrungen, zweiseitig begrenzt	Ausarbeitung des Vorprojektes. Ausarbeitung des technischen Projektes, wenn gleichzeitig A_2-Vorräte vorhanden sind, und Bau der Betriebsanlagen. Ohne A_2-Vorräte jedoch nur mit Zustimmung der ZVK und Genehmigung durch die Staatliche Plankommission
C_1-Vorräte	
weiträumig erkundet durch weitmaschiges Netz von Bohrungen oder durch bergmännische Arbeit	Aufstellung des Perspektivplanes, Ausarbeitung des technischen Projektes nur mit Zustimmung der ZVK und Genehmigung der Staatl. Plankommission, jedoch nur dann, wenn die Qualität der Vorräte, die Technologie und die Abbauverhältnisse sowie die Vorräte der Klasse A_2 erforscht wurden.
C_2-Vorräte	
nach geologischen Angaben vermutet. Einzeln erbohrt, geschürft oder im Anschluß an eine bekannte Lagerstätte angenommen	Ausarbeitung der volkswirtschaftlichen Perspektivplanung

Die für die Klassifikation von Lagerstätten geltenden Bestimmungen besagen, daß die Einordnung der Vorräte in eine der vorgenannten Klassen von der Erfüllung aller für sie gestellten Bedingungen abhängig ist. Sie besagen weiter, daß die Zentrale Vorratskommission das notwendige Vorratsverhältnis bei der Übergabe von Lagerstätten in besonderen Richtlinien nach Mineralien und Lagerstättentypen kennzeichnet. Die Bedingungen für die Eingruppierung der Vorräte in eine bestimmte Vorratsklasse bleiben mithin in jedem Falle die gleichen. Die ZVK zeigt jedoch in den Richtlinien auf, bei welcher Vorratsverteilung projektiert werden darf. Hierzu erteilt die Staatliche Plankommission ihre Genehmigung.

Diesem Verfahren steht eine Entwicklung in der Projektbearbeitung gegenüber, die den Bearbeitungsumfang der einzelnen Projektierungsstufen neu abgrenzt. Das Projektierungsbüro bearbeitet heute zumeist eine Vorplanung und das Investitionsprojekt, das sich wiederum in Grundprojekt und Ausführungsunterlagen unterteilt. Vorplanung und Grundprojekt erhalten einen ökonomischen Teil, der anschließend an die technische Bearbeitung zusammengestellt wird. Das Staatliche Büro für Begutachtung von Investitionsvorhaben, das die Vorplanung und in besonderen Fällen auch das Grundprojekt begutachtet, fordert, daß zum Zeitpunkt der Bearbeitung der Vorplanung die bestätigte Vorratsberechnung vorliegt und daß die Kostenberechnungen im Grundprojekt keine Schwankungen gegenüber der Vorplanung ausweisen, die technologisch über 10% und baulich über 20% liegen. Beeindrucken im allgemeinen die Anlagenwerte das Kostenbild, so sind im Erzbergbau fast immer die geringen Lagerstättenvorräte auf die Kostengestaltung von großem Einfluß. Erzlagerstätten sind mithin technisch und ökonomisch schwieriger zu beurteilen als die Massenlagerstätten (Braunkohle, Kali, Kalk u. a.), die infolge ihrer Größe, der gegebenen Abgrenzung eines ausgesprochen ökonomisch gewinnbaren Baufeldes und der großen technischen Möglichkeiten im Massenabbau die Gewinnungskosten von seiten der Lagerstätte nur unwesentlich verändern. Die Erfüllung der Forderung, daß die Kostenangaben der Vorplanung gegenüber denen des Grundprojektes nur unwesentlich schwanken, ist also in hohem Maße davon abhängig, ob dem Projektanten zum Zeitpunkt der Bearbeitung der Vorplanung Vorräte genannt werden, deren Genauigkeit ähnlich wie die der Kosten zu werten ist. Nimmt man an, daß diese Forderung erfüllt werden kann, so muß das Erkundungsprogramm bereits zum Zeitpunkt der Bearbeitung dieser Projektierungsstufe zu einem gewissen Abschluß gekommen sein. Die Empfehlungen, die das Staatliche Büro für Begutachtung von Investitionsvorhaben im Gutachten über die Vorplanung an die Staatliche Plankommission gibt, können für das Vorhaben sprechen, können es aber auch ablehnen. In jedem Falle wird jedoch der Entscheid über den Aufschluß einer Erzlagerstätte erst nach einem abgeschlossenen, umfangreichen geologischen Untersuchungsprogramm gefällt. Bei diesem Verfahren ist die Frage zu stellen, ob es richtig ist, daß ein abschließendes geologisches Untersuchungsverfahren vorliegen muß, ehe ein Entscheid über die Durchführung eines Aufschlusses gefällt werden kann.

Die Meinungen hierüber werden vermutlich auseinandergehen, da jene, bereits eingangs erwähnte unterschiedliche Betrachtungsweise der Vorräte bei den Beteiligten vorliegt. Sie zeigt sich hier sogar oft als unabdingbare Forderung, die zumeist mehr Verzögerung und Schaden erzeugt, als sie der Entwicklung eines Vorhabens Nutzen bringt, als solche bringen kann. Um zu einer kollektiven Bearbeitung zu kommen, ist es vor allem wichtig, daß das Verfahren sowie das Ziel, das für jede Bearbeitungsart gegeben wurde, allerseits bekannt sind. Dabei muß das Bestreben vorherrschen, durch Ausgleich und durch Anerkennung berechtigter Forderungen das Verfahren in all seinen Bearbeitungsgängen flüssiger zu gestalten. Von seiten der Projektierung ist hierzu folgendes zu sagen:

1. Die Kosten der Untersuchung einer Lagerstätte müssen in einem tragbaren Verhältnis zum volkswirtschaftlichen Wert der Lagerstätte stehen. Bei unseren kleinen Erzlagerstätten muß nach diesem Grundsatz und nach unserer Erfahrung die abschließende geologische Begutachtung und Vorratsfestlegung die Sicherheit gewähren, daß das Vorhaben durchgeführt wird. Die Selbstkosten/t Erz einer abgeschlossenen Untersuchung sind im Tiefbau viel zu hoch, so daß es zumeist nicht zu vertreten ist, zu diesem Zeitpunkt ein Vorhaben abzulehnen. Für den Aufschlußentscheid ist demnach nur ein Erkundungsgrad tragbar, der einen in einem bestimmten Verhältnis zum Wert der Lagerstätte stehenden Totalverlust rechtfertigt. Es setzt das voraus, daß dem Geologen und dem Projektanten ein Limit über die Aufschlußkosten gegeben wird, das sich bei uns nicht nach dem Weltmarktpreis richten muß, sondern nach dem vorliegenden volkswirtschaftlichen Bedürfnis beurteilt und festgelegt werden kann.

2. Die Annahme, das Risiko, das immer beim Aufschluß einer Lagerstätte besteht, könne durch eine bis zum äußersten betriebene geologische Untersuchung herabgemindert oder ganz ausgeschaltet werden, ist irrig. Den Mangel an Entschlußfreudigkeit und Verantwortungsgefühl, der hinter dieser Annahme steckt, muß zumeist der Staat sehr teuer bezahlen. In jedem Falle bleibt der Aufschluß einer Lagerstätte mit einem Risiko verbunden, das übernommen werden muß. Der Aufschlußentscheid wäre nach diesem und dem vorangehend Gesagten zu einem Zeitpunkt zu fällen, der in der Untersuchung die speziellen Lagerstättenverhältnisse berücksichtigt.

3. Es ist weiterhin die Frage zu erörtern, welchen Faktoren man das größere Gewicht beim Aufschlußentscheid zumessen muß. Man macht es sich leicht, wenn man in dieser Angelegenheit nach wie vor nur die Forderung auf eine abgeschlossene Untersuchung stellt.

Dabei steht auch außer jeder Diskussion, daß eine Vorratsbeurteilung des Geologen zu den Grundlagen einer Lagerstättenbegutachtung gehört. Der Bergmann ist jedoch geneigt, den technischen Möglichkeiten, die im Einzelfall gegeben sind, eine große Bedeutung beizumessen. Haben nicht sehr oft verblüffend einfache technische Lösungen jegliches Rechenwerk über den Haufen geworfen? Es ist also auch hier zweckmäßig, daß sich die beteiligten Bearbeiter am Objekt in ihren Meinungen angleichen müssen, wenn die Kosten der Untersuchung und das Aufschlußrisiko in tragbaren Grenzen gehalten werden sollen.

4. Kommt man zu der Überzeugung, daß es richtig ist, den Aufschlußentscheid vordringlich zu behandeln, so ist hieran anschließend der Erkundungsgrad zum Zeitpunkt der Bearbeitung der Vorplanung näher zu kennzeichnen. Legt man weiterhin fest, daß dann ein abschließendes geologisches Untersuchungsergebnis vorzuliegen hat, so muß die Aussagesicherheit über die Vorräte die gleiche sein wie die, die im Kostennachweis des Grundprojektes gefordert wird. Die Instruktionen, die die Vorratsverteilung in den einzelnen Vorratsklassen für einen bestimmten Lagerstättentyp festlegen, haben dem Dargelegten Rechnung zu tragen. Es muß darin festgelegt sein, daß sich die Aussagesicherheit in den Toleranzen des Kostennachweises bewegt oder daß die Toleranz des Kostennachweises zu erweitern ist, weil die vorliegende Vorratsverteilung nicht die Gewähr für die Einhaltung der üblichen Norm bietet.

Von seiten der Projektierung wäre also eine engere Zusammenarbeit in diesen Fragen sehr wünschenswert. Diese würde zu einer verbesserten ökonomischen Begutachtung und zu der Einsparung von Haushaltsmitteln führen.

Das getrennte Herangehen an diese zumeist komplizierten technischen und wirtschaftlichen Fragen ergibt oft keine befriedigende Begutachtung. Es nimmt viel Zeit in Anspruch, da sich jeder Bearbeiter mit den Gedankengängen des anderen erst bekannt machen muß. Unvorsichtiges Beurteilen der geologischen Situation, ungenügendes Eingehen auf technische Möglichkeiten, wirtschaftliche Stellungnahmen, die, rein rechnerisch ermittelt, anfechtbare Schlußfolgerungen zulassen, verzögern das Vorhaben oft oder bringen es zu Fall, obwohl es bei guter Abstimmung der Partner durchführbar gewesen wäre.

In diesem Zusammenhang ist auch über die geologischen Auffahrungen einiges zu sagen, bei denen gleichfalls oft Mängel in der Abstimmung in Erscheinung treten. Dem Projektanten und dem Investträger bereiten diese vielfach beträchtliche Schwierigkeiten.

Von seiten der Geologen ist z. Z. eine scharfe Abgrenzung der Zuständigkeitsbereiche vorgenommen worden, die teils in den Instruktionen, teils bei der Erörterung der Grundfragen der Klassifikation von Mineralvorräten zum Ausdruck gebracht wurde. Darin liegt ohne Zweifel eine gewisse Berechtigung, da jede Bearbeitung zweckmäßigerweise ihre Abgrenzung zu erhalten hat. Aber auch hier müßte man, um der Sache zu dienen, variabler verfahren. Will man beispielsweise mit dem amortisationsfähigen Teil der Auffahrungen die Betriebe belasten, so ist unbedingt darauf hinzuwirken, daß das Untersuchungsverfahren bis zu einem gewissen Grade die Belange einer späteren Ausrichtung berücksichtigt. Alle — der Geologe, der Bergmann und der Wirtschaftler — sind an geologischen Auffahrungen interessiert, die beim Aufschluß Verwendung finden können. Es kann mithin nicht im Sinne eines wirtschaftlichen Einsatzes von Investitionsmitteln sein, wenn bei der bergmännischen Erkundung ausschließlich geologische Gesichtspunkte mitsprechen. Der Objektbearbeiter der Geologie und der der Projektierung müßten auch hier gemeinsam an das Vorhaben herangeführt werden, wobei die Projektierung beider Sparten in gemeinsamer Arbeit und unter gemeinsamer Abstimmung vorgenommen wird.

3. Das Verfahren beim Aufschluß einer Erzlagerstätte in zeitlicher Folge

Bei einer Betrachtung des Verfahrens erscheint es unerläßlich, die zeitliche Folge der einzelnen Aufschlußphasen einer eingehenden Beurteilung zu unterziehen.

3.1 Erkundung

Nach der geologischen Vorerkundung und nachdem das Bohrprogramm zu einem gewissen Abschluß gekommen ist, setzt zumeist die bergmännische Erkundung ein, deren Ergebnisse dann die Vorratssituation eingehender betrachten lassen. Im Zusammenhang mit der Inangriffnahme bergmännischer Arbeiten wird jedoch die Einrichtung einer Baustelle notwendig. Maschinelle Anlagen, Wohn- und Aufenthaltsbaracken, Wasch-, Speise- und Büroräume müssen gebaut und eingerichtet werden, so daß der Aufwand für diese Entwicklungsphase sehr bald den Umfang eines kleinen Betriebes annimmt. Da sich dieser gesamte Aufbau zumeist nicht in der Nähe des Wohnsitzes des späteren Rechtsträgers abspielt oder dieser zu diesem Zeitpunkt noch gar nicht ermittelt ist, kommt man ohne einen speziell auf diese Arbeiten ausgerichteten Untersuchungsbetrieb nicht aus. Im Zuge der Weiterentwicklung des Aufschlusses und nach der Errichtung betriebseigener Bauten werden das Personal und die Anlageneinrichtung des Untersuchungsbetriebes durch die spätere Stammbelegschaft und das Inventar des Investträgers abgelöst.

Dieser Vorgang vollzieht sich zweckmäßigerweise ganz allmählich ohne jegliche Störung. Es ist einleuchtend, daß eine Stillegung der Arbeiten große Kosten verursacht. Unter- und Übertageanlagen müßten unterhalten werden, Wasserhaltung, Wetterführung und Teile des Über- und Untertagebetriebes weiterarbeiten, die angelernte Belegschaft wäre zu entlassen oder umzusetzen u. ä.

Es taucht also auch hier die Frage auf, wie ein reibungsloses Überleiten von der Erkundung zur betrieblichen Aus- und Vorrichtung zu bewerkstelligen ist, wenn der Aufschlußentscheid erst nach der Begutachtung der Vorplanung gefällt wird. Lehnt man es ab, den Untersuchungsbetrieb weiterarbeiten zu lassen, so sind Stillstände, die ein halbes bis ein Jahr dauern können, unvermeidbar. Die Projektierung vertritt hier die Ansicht, daß sich das einmal in Gang gesetzte Aufschlußverfahren ohne größere Geldeinbußen nicht abstoppen läßt. Die Organisation muß die Eigenart des Bergbaues berücksichtigen. Mißerfolge wären sonst unausbleiblich. Auch hier ist nur bei bester Abstimmung — Geologe, Projektant, Wirtschaftler — auf die Bearbeitungsfolge und das Aufschlußverfahren und durch mit größter Sachkenntnis getroffene Festlegungen der reibungslose Ablauf des Aufschlußprogrammes gewährleistet.

3.2 Begutachtung

Könnte man sich dazu entschließen, den Aufschlußentscheid nach einer in das Untersuchungsprogramm eingeordneten geologisch-technisch-wirtschaftlichen Beurteilung zu fällen, so ergäben sich auch beim Büro für Begutachtung von Investitionsvorhaben gewisse Vereinfachungen in der Bearbeitung des Vorhabens.

Es ist selbst für einen guten Fachmann schwer, über einen Aufschluß ein Urteil zu fällen, wenn er nicht seine Entwicklung miterlebt, seine Probleme genauestens studiert und sich mit allen Einzelheiten beschäftigt hat. Würde ein mit dem Objekt vertrautes Gremium die Verantwortung über den Aufschlußentscheid übernehmen, so hätte sich das vorgenannte Büro ausschließlich mit der Wirtschaftlichkeit des Vorhabens zu befassen. Bei diesem Verfahren würden die vorgenannten Probleme im wesentlichen nicht mehr so stark in Erscheinung treten oder könnten unschwer zwischenzeitlich gelöst werden. Es würde Zeit gespart, der Untersuchungsumfang könnte in vertretbaren Grenzen gehalten werden und der gesamte Aufschluß einen unbehinderten, zügigen Verlauf nehmen.

3.3 Projektierung

Die zumeist schwierige Beurteilung der jeweils vorliegenden geologischen, bergbaulichen und ökonomischen Situation im Erzbergbau läßt bei allen Beteiligten mehr und mehr den Wunsch aufkommen, bei der Bearbeitung Optimalwerte zur Verfügung zu haben. Der Geologe arbeitet hierbei mit industriellen Konditionen, der bergmännische Projektant beschäftigt sich mit optimalen Feldesgrößen, Leistungsermittlungen u. ä. unter Berücksichtigung weitestgehender Mechanisierung, und der Ökonom überprüft die Wirtschaftlichkeit dieser vielseitigen Erwägungen und stellt sie in Vergleich zu Erfahrungswerten. Die Arbeitsbereiche überschneiden sich hier sehr oft, und es ist außerordentlich wichtig, daß der Sachbearbeiter einer Bearbeitungssparte die Arbeitsgänge der anderen zumindest einwandfrei abschätzen kann.

Die Anwendung und Auswertung aller bis zum Zeitpunkt der Bearbeitung der Vorplanung ermittelten oder gegebenen Optimalwerte erfolgt z. Z. nur durch den Geologen. Das Verfahren steht also in einem gewissen Gegensatz zu der obenerwähnten Anerkennung der unterschiedlichen Betrachtungsweise, wenn man auch dem Projektanten nachträglich eine mögliche Veränderung der erfolgten Festlegung bei entsprechender Begründung einräumt.

Die Industriekonditionen enthalten einerseits Festlegungen, die sich auf die Qualität des Rohstoffes beziehen, zum anderen finden jedoch auch bergbauliche Belange — Grenzmächtigkeiten, maximale Abbauteufen u. a. — ihre Berücksichtigung. Es ist ein außerordentlich umständliches und zeitraubendes Verfahren, wenn nachträglich gegen Festlegungen angegangen werden soll, die bereits anerkannt wurden, ehe der Projektant überhaupt von der Untersuchung der Lagerstätte etwas hörte. Vielfach sind doch auch im speziellen Fall und unter Berücksichtigung der Lagerstättenverhältnisse umfangreiche Erörterungen über den Einsatz der Technik und der Mechanisierung notwendig. Wer kann hierüber präzisere Auskunft geben als der Projektant der Gesamtanlage? Wie oft gaben gerade diese letztgenannten Überlegungen den Ausschlag beim Aufschluß einer Lagerstätte? Zu welchem Zeitpunkt müssen die einzelnen Probleme geklärt werden? Was muß bis zu einem Aufschlußentscheid bearbeitet sein, was muß bis zum Zeitpunkt der Bearbeitung der Vorplanung zur Beurteilung bereitliegen? — Gewisse, den Bergbau betreffende Angaben sind nach Ansicht des Projektanten sogar vor der Bearbeitung des Erkundungsprojektes zu machen. Bei einer eingehenden Beurteilung des gesamten, oft sehr unterschiedlichen Aufschlußverfahrens ist es zweckmäßig, die jeweilige Abgrenzung der Bearbeitungsgänge, der Termine sowie der von jeder Sparte in bestimmten Zeiträumen zu bearbeitenden Optimalwerte am Objekt selbst vorzunehmen. Die Instruktionen als solche haben in dieser Hinsicht ihre volle Gültigkeit, nur sollten sie berücksichtigen, daß das Aufschlußprogramm vom Geologen allein nicht erfüllt werden kann. Der erfolgreiche Aufschluß im Erzbergbau bedarf zahlreicher Überprüfungen, die sich bei großflächigen Massenlagerstätten erübrigen. Diesem Umstand muß im Verfahren Rechnung getragen werden.

Die Industriekonditionen als solche geben Optimalwerte, Grenzwerte, Kennwerte u. ä. an, die im geologischen Ergebnisbericht in vielem von vornherein einen technologischen Arbeitsumfang festlegen, der einer wirtschaftlichen Überprüfung standhalten muß. Es verbleibt gar keine Zeit, Betrachtungen vom Standpunkt des Bergmannes oder des Wirtschaftlers anzustellen. Das ist ein entscheidender Nachteil, der bei der Bearbeitung der Vorplanung und oft auch noch bei der Bearbeitung des Projektes spürbar wird. Wenn die Ansicht vertreten wird — und an der Richtigkeit dieser Auffassung ist nicht zu zweifeln —, daß zum Zeitpunkt der Bearbeitung der Vorplanung ein umfassender Ergebnisbericht vorliegen muß, so muß dieser die Belange des Bergbaus und damit auch die der Ökonomie berücksichtigen oder aber von dieser Seite entsprechende Ergänzungen erhalten. Die nacheinander oder nebeneinander vorgenommene Einzelbearbeitung verzögert auch hier das Verfahren. Das Ziel müßte sein:

1. geologisch, bergmännisch und wirtschaftlich einen Aufschlußentscheid vorzubereiten;

2. für die Bearbeitung der Vorplanung den Umfang der Vorplanungsunterlagen (geologisch, bergmännisch und ökonomisch) abzugrenzen, sie zu entwickeln und bei der Aufnahme der Arbeit zur Verfügung zu stellen.

In diesem Zusammenhang wird man auch einen besseren Überblick über den tatsächlichen Kostenaufwand für die Untersuchung erhalten. Man wird ferner den optimalen Anteil besser erfassen können, den die Untersuchungskosten als Anteil der Selbstkosten haben können. Es wäre weiterhin zu erwägen, welcher Kostenaufwand in der Untersuchung bis zum Zeitpunkt des Aufschlußentscheides und welcher bis zum abgeschlossenen Erkundungsergebnis gerechtfertigt erscheint. Die Klassifikation der Vorräte könnte hierbei wesentlich besser auf die Projektierung des Objektes abgestimmt werden. Der Arbeitsverlauf berücksichtigt dann auch in jedem Falle den vorangehend gekennzeichneten Erkundungsgrad bzw. legt die Ausnahme im Verfahrensgang genau fest.

3.4 Ausführung

Aus dem Dargelegten geht hervor, daß sich die Ausführungsarbeiten des bergmännischen Aufschlusses direkt an die Arbeiten in der Untersuchung anschließen. Legt man die Aufschlußentwicklung still, so ist der Kostenaufwand für die Stundung sehr hoch, die Arbeitskräfte, die oft mühselig qualifiziert wurden, sind später nicht mehr greifbar und die Maschinen und Geräte sind anderweitig eingesetzt. Diese Tatsache zwingt dazu,

1. parallel zur Bearbeitung der Vorplanung, die noch ökonomisch einer Begutachtung bedarf, die Weiterentwicklung des Vorhabens in der Untersuchung oder in der Ausführung des Investprogrammes vorzunehmen;
2. an Hand des vorausgegebenen Aufschlußentscheides ein Aufschlußprogramm zu entwickeln, das den unter 1. genannten Verfahrensgang geologisch, bergmännisch und ökonomisch festlegt.

Es wird damit eine Entwicklung angestrebt, die einen zügigen Verlauf der Arbeiten gewährleistet. Stundungen, Ausnahmegenehmigungen und Zustandsdarstellungen erschweren nur die Arbeit und ändern an der vorliegenden, für den Außenstehenden schwer erfaßbaren Situation zumeist wenig oder gar nichts. Das Verfahren wendiger und beweglicher zu machen, ohne daß es an Sicherheit in der Beurteilung einbüßt, muß das Bestreben zukünftiger Diskussionen sein.

4. Das geologische Projekt und die bergbauliche Aufschlußprojektierung

KAUTZSCH (1959) erwähnt eingangs seiner Veröffentlichung über die einzelnen Erkundungsstadien, daß es gilt, von vornherein gesunde Beziehungen zwischen der Entwicklung wissenschaftlicher Erkenntnisse, der betriebswirtschaftlich rationellsten Arbeitsorganisation und dem zeitlichen Arbeitsablauf zu schaffen. Der Faktor Zeit wird hierbei mehrere Male stark betont. Die hier vertretene Auffassung entspricht auch in großen Zügen der, welche die Bergbauprojektierung von der Bearbeitung technologischer Projekte hat. Nur ist bei ihr das Verfahren zusätzlich an gesetzliche Bestimmungen gebunden, die der Geologie und auch der späteren ökonomischen Begutachtung keinerlei Zwang oder zeitliche Begrenzung auferlegen. Dazwischen steht die zumeist begreifliche oder auch berechtigte Forderung des Plan- bzw. Investträgers, nach der Klärung der Situation möglichst schnell zur Entwicklung des Vorhabens zu kommen. Es ist weiterhin zu berücksichtigen, daß im technologischen Projekt nach den gesetzlichen Bestimmungen zahlreiche Gutachten anderer staatlicher Institutionen beizubringen sind, die ebenfalls für sich das Recht auf Zeit in Anspruch nehmen. Man wird kaum annehmen können, daß, solange diese Arbeitsgänge hintereinandergeschaltet werden, ausreichend Zeit für die technologische Projektierung verbleibt. Der ordnungsgemäße gesetzliche Ablauf wird in vielen Fällen schwer sicherzustellen sein oder ist bei diesem Verfahren zumindest stark von der an keine Zeitdauer und auch an keine Bearbeitungsfolge gebundenen Begutachtung abhängig. Betrachten wir hierzu noch die von KAUTZSCH (1959) in „II. Betriebstechnischer Teil“ ausgewiesenen Maßnahmepunkte, so finden wir eine ganze Reihe von Angaben, die im technologischen Pro-

Schema für gemeinsame Objektbearbeitung

	Geologische Erkundung	Bergbauliche Aufschlußbeurteilung	Ökonomische Beurteilung	Maßnahmen	Ergebnisse
1. Vorerkundung der Lagerstätte	Allgemeine Ermittlung einer Lagerstätte nach Lage, Größenordnung und wirtschaftlicher Erfolgsaussicht	Überprüfung der Aufschlußmöglichkeiten, Kostenzusammenstellungen; Angleichung der bergm. Untersuchung an das Aufschlußverfahren. Angleichung der baulichen Maßnahmen an die spätere Anlagenausbildung u. a.	Variantenbearbeitung unter Berücksichtigung der Belange der Geologie und des Bergbaus	Geologisches Projekt unter Beifügung einer bergbaulichen und ökonomischen Aufschlußbeurteilung	Vorratsermittlungen für die Durchführung eines Aufschlußentscheides. Ergebnisbericht unter Berücksichtigung des Verfahrens bis zum Abschluß der Untersuchungen. Durchführung des Aufschlußentscheides. Bestätigung durch die Staatliche Plankommission
	Abgrenzung des Untersuchungsaufwandes für einen Aufschlußentscheid				
2. Objekterkundung	Ermittlung sämtlicher für eine Übergabe an die Industrie notwendigen Daten	Einholung von Gutachten mit größerem Zeitbedarf. Vorbereitung der Vorplanung. Durchführung von Versuchen verschiedener Art (Abbauversuche, Bohr- und Sprengversuche u. ä.)	Vorbereitung der ökonomischen Beurteilung der Vorplanung	Geologisches Projekt	Übergabereife Vorratsberechnung Ergebnisbericht Bestätigung durch die ZVK, Festlegung des Verfahrens beim Aufschluß bis zur Bestätigung der Vorplanung
		Bearbeitung des technologischen und baulichen Teiles der Vorplanung	Bearbeitung des ökonomischen Teiles der Vorplanung	Fertigstellung der geschlossenen Vorplanung für das Gesamtobjekt	Ökonomische Begutachtung beim Büro für Begutachtung. Bestätigung der Vorplanung durch die Staatliche Plankommission

jekt nochmals ausgewiesen und weiterentwickelt werden müssen. Ist es da nicht richtig, daß man zumindest überprüft, wo eine gemeinsame Basis gefunden werden kann, wo eine gemeinsame Bearbeitung möglich ist?

Es ist durchaus der Ansicht zuzustimmen, die STAMMBERGER (1960) in seinem Diskussionsbeitrag auf dem 1. Internationalen Kolloquium über die Fragen der Vorratsklassifikation vertritt. Er sagte: „Das Schlimme ist nur, daß die Geologen, die sich damit beschäftigten (gemeint sind die Beziehungen zwischen Erkundung, Investitionen und ökonomischem Nutzeffekt. D. Verf.), im allgemeinen ökonomisch zu schwach geschult sind, daß andererseits die Ökonomen, die sich dieser Frage zuwenden, von der Geologie keine Ahnung haben. Das erschwert einen echten und schnellen Fortschritt."

Man muß hierzu von seiten der Projektierung die Frage stellen: Warum nutzt man nicht die in der Projektierung zur Verfügung stehenden Kräfte? — Warum wird eine nur hierfür zur Verfügung stehende Institution kadermäßig nicht so gestellt, daß sie gewisse Fragen, die außerhalb des Zuständigkeitsbereiches der Geologie liegen, bearbeiten kann? Es tauchen doch vielfach bereits zu Beginn der Untersuchung Probleme auf, die erst im technologischen Projekt der Lösung nähergebracht werden. Weiterhin ist zu sagen, daß der routinierte Projektant, der vielfach über Jahrzehnte Betriebspraktiker des Bergbaus war, dem Geologen bestimmt gewisse bergmännische Praktiken vermitteln kann. Diese kämen dem bergmännischen Verfahren in der Untersuchung und der Gesamtentwicklung zugute. Der technologische Projektant muß sich mit dem Verfahren der Geologen bei der Untersuchung einer Lagerstätte beschäftigen, wenn seine Arbeit Erfolg haben soll. Er muß sich auch mit den Ökonomen des Projektierungsbüros und zugleich mit der Gütekontrolle abstimmen und auseinandersetzen. Vieles würde für ihn leichter und weniger zeitraubend sein, wenn auch der Geologe den Arbeitsumfang der Projektierung richtig einschätzen könnte. Vieles würde sich schneller entwickeln, wenn der technologische Projektant bereits bei der Objekterkundung mit eingeschaltet wäre und hier die Projektierungsbelange zumindest anmelden oder vertreten könnte. Eine Fülle von Möglichkeiten würden sich ergeben, das Verfahren zu koordinieren, ohne daß die geologische Untersuchung und Entwicklung gehemmt würde. Die Meinung, daß ein derartiges Verfahren von der Hauptaufgabe der geologischen Erkundung ablenken würde, ist unbegründet. Selbst wenn sie begründet wäre, würde sie kaum die Kosten rechtfertigen, die vielfach bei falscher Einschätzung durch zusätzlichen Arbeitsaufwand in der Projektierung und im Aufschlußbetrieb entstehen.

Dem Geologen wird diese Tatsache oft genauso unbekannt sein wie dem Projektanten die Gründe, die in der Erkundung zu Maßnahmen zwingen mögen, für die er zum Zeitpunkt der Projektbearbeitung kein Verständnis aufzubringen vermag.

5. Welche Möglichkeiten sind vorhanden, um das Verfahren zeitsparender und kontinuierlicher zu gestalten?

Unter Anlehnung an die von KAUTZSCH (1959) gegebenen Stufen der Lagerstättenerkundung soll ein Schema für eine gemeinsame Objektbearbeitung gegeben werden. Die Zusammenarbeit der einzelnen Sparten interessiert den Projektanten insbesondere im Stadium der Vorerkundung und der Objekterkundung. Es ist darauf hinzuweisen, daß es in der Vergangenheit Fälle gab, bei denen sich diese hier angestrebte gemeinsame Bearbeitung gut bewährt hat.

Das Schema, das nicht Anspruch auf Unabänderlichkeit erhebt, läßt eindeutig erkennen, daß der Vorrang im Verfahren den Geologen vorbehalten bleibt. Der Wert einer Zusammenarbeit wird vor allem darin gesehen, daß der vorliegende Gesamtarbeitsumfang und die gemeinsamen Probleme erkannt und erörtert werden. Die gemeinsame Klärung allseitig interessierender Fragen sowie auch eine vorzeitige Anforderung benötigter Genehmigungen und Gutachten geben dem Vorhaben einen gewissen Vorlauf, der der Bearbeitung der Vorplanung zugute kommt.

Das Schema berücksichtigt das Dargelegte weitestgehend. Eine Bearbeitung in dieser Form läßt einen Aufschlußentscheid zu, den man nach gemeinsamen Überlegungen einem bestimmten Erkundungsgrad zuschreiben kann. Die Begutachtung der Vorratsberechnung und des ökonomischen Teiles kann nach der Fertigstellung der Vorplanung sicherer vorgenommen werden, da die den Fernstehenden am meisten belastenden Fragen vorweg diskutiert und geklärt wurden. Das Fällen des Aufschlußentscheides sollte von Fachkräften der verschiedenen Sparten vorgenommen werden, die ausgiebig Gelegenheit hatten, sich mit dem Objekt und dessen Bearbeitung zu befassen. Des weiteren bietet dieses Verfahren die Möglichkeit, die bei der Erkundung tätige Belegschaft so lange an der Entwicklung des Aufschlusses weiterarbeiten zu lassen, wie sie benötigt wird und nicht durch betriebliche Kräfte und Maßnahmen ersetzt werden kann.

Eine gemeinsame Objektbearbeitung in der hier genannten oder in ähnlicher Form wird von vielen Fachleuten — auch von Geologen — für zweckmäßig angesehen, zumal bei uns speziell mit derartigen Arbeiten beschäftigte Projektierungsbüros zur Verfügung stehen, deren Aufgaben gesetzlich festgelegt wurden.

Zusammenfassung

Einleitend wurde der Standpunkt der Geologie zur unterschiedlichen Begutachtungsweise der Vorräte durch den Bergmann und den Wirtschaftler dargelegt. Es zeigt sich, daß bei uns weniger unterschiedliche Auffassungen in der Begriffsfestlegung als vielmehr Unklarheiten im Verfahrensgang bestehen.

Die Klassifikation der Lagerstättenvorräte und die Projektbearbeitung im Erzbergbau wurden geschildert und die Ansichten, die in der Projektierung über den Arbeitsablauf bestehen, gezeigt. Das Verfahren beim Aufschluß einer Lagerstätte in der z. Z. gegebenen Folge fand Erwähnung, wobei gewisse Unzulänglichkeiten festzustellen sind, die die Entwicklung des Vorhabens hemmen. Das geologische Projekt und die bergbauliche Aufschlußprojektierung wurden gegenübergestellt. Hieraus ist zu erkennen, daß viele Arbeiten, die einer gewissen Zeit bedürfen, im Stadium der Erkundung mit aufgegriffen werden können. Desgleichen ist anzunehmen, daß eine Anzahl Arbeiten und Vorgänge koordiniert werden können, ohne daß das Erkundungsprogramm gestört wird.

Aus dem Dargestellten wurde ein Vorschlag entwickelt, der das Verfahren zeitsparender und flüssiger gestaltet. Er soll als Diskussionsgrundlage dienen und eine Entwicklung fördern, die eine sinnvolle Abstimmung der einzelnen Bearbeitungssparten auf das Objekt zum Ziel hat.

Резюме

В введении сопоставляются точка зрения геолога и точка зрения горняка и хозяйственника в отношении обсуждения запасов. Выясняется, что у нас не столько различны мнения в определении понятий, сколько неясности в процедуре.

Описываются классификация запасов месторождений и обработка проектов в рудном горном промысле, а также мнения, существующие в проектировании о последовательности работ. Упоминается процедура при вскрытии месторождения в теперешнем порядке; в этом отношении констатируются некоторые недостатки, тормозящие развитие работ. Противопоставляются геологический проект и проектирование горных выработок. Из этого можно узнать, что многие работы, требующие некоторого времени, могут быть начаты уже в стадии разведки. Дальше можно полагать, что можно координировать ряд работ и процедур без нарушения разведочной программы.

С целью экономии времени и более плавного проведения работ было выдвинуто предложение, которое должно служить основой для обсуждения и способствовать развитию, целью которого является разумное согласование отдельных отраслей, занимающихся данным объектом.

Summary

The different manner of expert opinion on reserves given by miners and economists is described from a geological point of view. It is shown that there are not so much different opinions in defining terms, but want of clearness in the way of procedure.

Deposit reserve classification and design work in ore mining are described and views held of the sequence of operations in design work are indicated. Mention is made of the present succession followed in deposit exploration, certain deficiencies being disclosed which delay the execution of a project. Geological design work is compared with project in mines, and it is indicated that many works needing a certain time can already be dealt with in the stage of exploration. It may also be assumed that a number of works and processes can be coordinated without interfering with the programme of exploration.

The above-mentioned points suggest a smoother and more time-saving procedure. Therefore a proposal is made to serve as a basis of discussion and to encourage a development bringing individual aspects of treatment in harmony with the object in view.

Literatur

BLONDEL, F. & S. G. LASKY: Mineral Reserves and Mineral Resources. — Econ. Geol., S. 686 (1956).
KAUTZSCH, E.: Die einzelnen Stadien bei der geologischen Erkundung nutzbarer mineralischer Rohstoffe. — Z. angew. Geol., 5, S. 523 (1959).
REH, H.: Untersuchung der Zuverlässigkeit der Bewertung von Lagerstätten nutzbarer Rohstoffe und Ableitung einer erweiterten Klassifikation der Vorräte. — Z. angew. Geol., 2, S. 166 (1956).
STAMMBERGER, F.: Einige Bemerkungen zur Diskussion über die Vorratsklassifikation. — Z. angew. Geol., 4, S. 157 (1958).
— Zu einigen Grundfragen der Klassifikation von Mineralvorräten. — Freiberger Forsch.-H. C 54 (1958).
— Zur Festlegung der Konditionen für mineralische Rohstoffe. — Z. angew. Geol., 5, S. 458 (1959).
Diskussionsbeiträge vom I. Internationalen Kolloquium über Fragen der Vorratsklassifikation. — Z. angew. Geol., 6, S. 24 (1960).
Klassifikation der Lagerstättenvorräte fester mineralischer Rohstoffe. — Z. angew. Geol., 2, S. 448 (1956).

Rohstoffübersichtskarten auf dem Gebiet der Steine und Erden für die Planung der Räte der Bezirke

JOSEF KNIESEL & RALF RUSKE, Halle (Saale)

Als Hauptgrundlagen für eine komplexe Planung sind Lage der Rohstoffvorkommen, Vorratsperspektiven und der Bedarf an Rohstoffen zu betrachten. Dies bedeutet, daß sich auch die Planung für Erzeugnisse aus Rohstoffen der Gruppe Steine und Erden in erster Linie nach den geologischen Gegebenheiten richten muß. In der kapitalistischen Wirtschaft konnten die genannten Grundbedingungen oft nicht genügend berücksichtigt werden, weil Eigentumsverhältnisse sowie Konkurrenzkampf die vorrangige Rolle spielten. Dadurch war der Abbau von Lagerstätten der Industrie der Steine und Erden in besonderem Maße von Besitztumsgrenzen und nicht von den regionalen geologischen Verhältnissen abhängig. In der kapitalistischen Vergangenheit arbeitete die angewandte Geologie hauptsächlich im Interesse größerer Bergbauunternehmen und wurde nur selten für die Begutachtung von Objekten der Steine und Erden herangezogen. Das war ein weiterer Grund dafür, daß neue Werke nicht immer in Gebieten mit ausreichender Vorratsperspektive erbaut wurden. Daraus ergibt sich ebenfalls die früher sehr unterschiedliche geologische Bearbeitung der Rohstoffvorkommen an Steinen und Erden in den einzelnen Gebieten. Die gesamtvolkswirtschaftlichen Gesichtspunkte konnten unter kapitalistischen Verhältnissen äußerst unzureichend bzw. gar nicht berücksichtigt werden.

Nach 1945 wurde von den Geologischen Diensten Beachtliches auf dem Gebiet der Steine und Erden geleistet. Vor allem mußten Vorräte für bereits bestehende kleinere Werke nachgewiesen und damit die Grundlage für deren Modernisierung bzw. für deren Weiterbestehen geschaffen werden. Diese geologischen Untersuchungsarbeiten waren standortgebunden und erstreckten sich nur auf das Gebiet in der näheren Umgebung vorhandener Werke, oft mußten sie sehr kurzfristig erledigt werden. Dies erfolgte unter Umständen auf Kosten der Wirtschaftlichkeit der Erkundung.

In jüngster Zeit geht man im Zusammenhang mit der sozialistischen Rekonstruktion und nicht zuletzt im Rahmen unserer ökonomischen Hauptaufgaben auch in der Baustoffindustrie dazu über, neue große Werke rechtzeitig zu planen und zu errichten. Für diese sind von den Geologischen Diensten die Rohstoffvorräte nachzuweisen. Leider ist auch gegenwärtig noch in vereinzelten Fällen zu verzeichnen, daß von den staatlichen Planungsorganen hinsichtlich der Vorratsperspektive nicht immer mit der nötigen Sorgfalt gearbeitet wird. Daher kommt es vor, daß für neue Werke ohne Hinzuziehung der Geologischen Dienste und ohne genügende Vorratserkundung bereits Standorte geplant bzw. in Aussicht genommen werden, so daß die geologischen Erkundungsarbeiten in kurzer Zeit durchgeführt werden müssen, um eine kurzfristige Projektierung zu gewährleisten. Durch eine solche Planung, die nicht genügend vorausschauend und in ihrem frühesten Stadium ohne Beratung durch Geologen erfolgt, können sich unter anderem folgende Disproportionen ergeben:

1. Es kann der Fall eintreten, daß alle Bemühungen bei der Standortwahl vergeblich sind, wenn keine Vorratsperspektiven vorliegen.

2. Großräumig betrachtet, wird die überhastete Erkundung in Hinsicht auf die Standortgebundenheit unter Umständen in Gebieten durchgeführt, die im Gegensatz zu anderen noch nicht untersuchten Räumen ungünstigere Lagerstättenverhältnisse und Vorratsperspektiven aufweisen.

3. Es besteht die Möglichkeit, daß die termingebundene Erkundung nicht genügend gründlich und wirtschaftlich durchgeführt werden kann und somit in dem entsprechenden Raum nicht der lagerstättenmäßig günstigste Teil eines großen Rohstoffvorkommens erfaßt und der Industrie zum Abbau übergeben wird.

Um diese Disproportionen zu vermeiden, ist eine enge Zusammenarbeit der Geologischen Dienste mit den staatlichen Planungsorganen notwendig. Eine entsprechende Zusammenarbeit ist besonders auf dem Sektor Steine und Erden erforderlich, weil die Standorte neuer Werke und damit die Erkundung von Rohstoffvorkommen, im Unterschied zu anderen Lagerstättenzweigen, stark von der Verkehrslage, von den örtlichen Arbeitskräftereserven und von der Energieversorgung abhängig sind.

Bei der Befragung der für die Planung der Baustoffindustrie verantwortlichen Dienststellen, in welchen Gebieten eine Erkundung zum Nachweis von neuen Lagerstätten durchgeführt werden soll, wurde bereits seit einiger Zeit wiederholt die berechtigte Gegenfrage gestellt, in welchen Räumen eine Untersuchung erfolgversprechend sei. Neuerdings sind Aufstellungen über den Bestand an Rohstoffen immer erwünschter. So kam es auch, daß von den Räten der Bezirke Rohstoffkarten als Grundlage für die Gebietsentwicklungspläne beantragt wurden. Diese Übersichtskarten, ohne die eine komplexe Perspektivplanung in der Baustoffindustrie im Sozialismus nicht denkbar ist, sind von den Geologischen Diensten auszuarbeiten. Aufgabe der folgenden Ausführungen soll es daher sein, darzulegen, welchen Zweck eine Rohstoffkarte der Steine und Erden erfüllen und mit welchem Aufwand sie ausgearbeitet werden soll. Unsere Vorschläge stellen wir zur Diskussion.

Auf Grund der seit 1945 bis zur Gegenwart durchgeführten umfangreichen geologischen Erkundungsarbeiten auf dem Gebiet der Steine und Erden verfügt man — außer dem Vorratsnachweis für vorhandene oder geplante Werke — zur Zeit bereits über bedeutende Erfahrungen darüber, welche Schichtgruppen oder Formationen größere Rohstoffvorräte erwarten lassen, wie dieselben am zweckmäßigsten zu erkunden sind, mit welchen Abbauverhältnissen gerechnet werden kann, welche Beimengungen störend bei der Verarbeitung wirken und dergleichen mehr. Da die Forderung besteht, möglichst schnell brauchbare Rohstoffkarten für die Planung aufzustellen, sollten zunächst ohne größeren zusätzlichen technischen Aufwand die gegenwärtig vorliegenden Ergebnisse auf den zu schaffenden Karten zusammengefaßt werden.

Im folgenden werden drei Möglichkeiten der Darstellung der Rohstoffvorkommen mit ihrem Verwendungszweck erläutert.

1. Übersichtskarte der auf Lagerstätten des Sektors Steine und Erden höffigen Gebiete

Dem Entwurf dieser Karte liegen die geologischen Übersichtskarten 1:100000, 1:200000 oder die Spezialkarten 1:25000 zugrunde. Ausgeschieden werden die Schichtgruppen oder geologischen Formationen, die auf Lagerstätten des Sektors Steine und Erden höffig sind und an der Oberfläche oder unter geringmächtiger pleistozäner bzw. holozäner unbrauchbarer Decke ausstreichen. Um auf diesen Karten die Übersichtlichkeit zu wahren, werden alle auf einen bestimmten Rohstoff (z. B. Kalk) höffigen Gebiete unter einer Signatur zusammengefaßt. Es erfolgt keine Trennung nach Formationen (z. B. Kalk im Muschelkalk und in der Kreide). Es wird sich auch nicht vermeiden lassen, daß Rohstoffgruppen als eine Einheit zur Darstellung gelangen (Ton, der sich evtl. als Tonkomponente für die Zementherstellung, für die Ziegelproduktion usw. eignet).

Die Anfertigung einer solchen Übersichtskarte ist bei einer Auswertung der Archiv- und Erkundungsunterlagen zur Zeit ohne größeren technischen Aufwand möglich. Diese Darstellung gibt bei der Perspektivplanung im Bezirk darüber Auskunft, in welchem Gebiet ein bestimmter Industriezweig auf Grund der geologischen Gegebenheiten weiter entwickelt werden kann und wo die Möglichkeiten dafür nicht gegeben sind. Dadurch wird eine Konzentration zahlreicher Baustoffbetriebe auf engem Raum, die man auf ein größeres Gebiet verteilen kann, so daß sich eventuell eine Senkung der Transportkosten erzielen läßt, vermieden. Jedoch ist aus diesen Karten nicht die Bauwürdigkeit des Rohstoffes an einer bestimmten Stelle ersichtlich. Aber die auf Grund dieser Hinweise vom Rat des Bezirkes oder von anderen planenden Organen beim zuständigen Geologischen Dienst beantragte Lagerstättenerkundung wird mit Aussicht auf Erfolg in einem höffigen Gebiet durchgeführt. Diese Karte würde somit eine Disproportion in der Arbeit der Räte der Bezirke beseitigen, die darin besteht, daß gewisse Gebiete für die Errichtung von neuen Werken in Aussicht genommen und für sie Erkundungsarbeiten beantragt werden, obwohl keine oder nur in geringem Umfang Rohstoffe zu erwarten sind.

2. Karte der auf einen bestimmten Rohstoff höffigen Gebiete

In dieser Darstellung wird nur das Gebiet eingetragen, das auf einen bestimmten Rohstoff, z. B.: Ziegelton, Betonkiessand, Glassand, Zementkalk und anderes, höffig ist. Dabei ist eine weitergehende Differenzierung des Darzustellenden möglich. Diese kann sowohl geologisch als auch technisch erfolgen, wobei die geologische Stellung des Rohstoffes oft auch seine technische Verwendbarkeit bedingt. So könnten bei Ziegeltonen die höffigen Flächen nach Formationen untergliedert werden (Ziegelton des Paläozoikums, Buntsandsteins, Keupers, Juras, der Kreide, des Tertiärs; oder im Pleistozän des Lößes, Bändertones, Geschiebemergels; im Holozän des Auelehms, Gehängelehms und anderer Bildungen). Es sind auch bereits vorhandene Abbaustellen einzutragen. Durch Signaturen wird vermerkt, wozu sich auf Grund von Untersuchungsergebnissen und der in Betrieben gewonnenen Erfahrungen der Rohstoff in dem höffigen Gebiet wahrscheinlich eignet (Löß z. B. für Hintermauersteine, holozäner Auelehm für Klinkerherstellung usw.). Eine solche Karte, deren Maßstab 1:200000 betragen kann, erfordert als Grundlage außer der geologischen Kartierung die Aufnahme und Bemusterung sämtlicher Abbaustellen im Rahmen der Steinbruchs- und Lockergesteinskarteien, wie sie von J. POMPER (Z. angew. Geol., H. 8/9, 1957) vorgeschlagen wurde. Gegenwärtig können daher diese Karten nicht fertiggestellt werden, weil die erwähnten Arbeiten noch nicht abgeschlossen sind. Diese Darstellung zeigt den planenden Organen nicht nur, wie die Karten des Typs 1, die höffigen Gebiete mit allgemeinen Qualitätsangaben, sondern sie gibt auch speziellere Anhaltspunkte darüber, welche Baustoffe und Industrieerzeugnisse möglicherweise produziert werden können. Beantragte Erkundungsarbeiten haben dann nur den Zweck, abbauwürdige Lagerstätten nachzuweisen und eine exakte Vorratsberechnung durchzuführen.

3. Karte der Vorkommen von bestimmten Rohstoffen mit Aussagen über die zu erwartende Qualität und die Möglichkeit der Gewinnung

Die Ausarbeitung dieser Karte als bestmögliche Unterlage für die Planung der Räte der Bezirke bzw. der Industrie ist anzustreben. Sie soll außer den Verbreitungsgrenzen die qualitativen Eigenschaften des Rohstoffes, seine Mächtigkeit und Bauwürdigkeit in möglichst zuverlässigem Maße wiedergeben. Damit Einzelheiten exakter dargestellt werden können, ist ein größerer Maßstab 1:50000 bis 1:100000 zu wählen. Auf Karten dieses Charakters sind bereits prognostische Vorräte auszuscheiden.

Während es möglich ist, die Karten vom Typ 1 und 2 ohne großen Kostenaufwand anzufertigen, sind beim Typ 3 umfangreiche großräumige Untersuchungen mittels Bohrungen und Schürfe notwendig. Dadurch muß zumindest in groben Zügen geklärt werden, wozu sich der Rohstoff verwenden läßt, welche positiven und welche negativen Eigenschaften er hat, wie groß die zu erwartende Mächtigkeit ist und wie er abgebaut werden kann. Die hydrogeologischen Verhältnisse sollen im allgemeinen erforscht sein.

Aus diesen Karten ist nicht nur ersichtlich, in welchen Gebieten Rohstoffe gewinnbar sind, sondern es besteht auf Grund dieser Karten die Möglichkeit, in Zusammenarbeit mit den Geologischen Diensten abzuwägen, wo am vorteilhaftesten — unter Berücksichtigung aller Faktoren (wie Lagerstätte, Verkehrslage, Energieversorgung, Arbeitskräfte usw.) — die Objekterkundung und eine gute Standortplanung durchzuführen sind.

Jedoch muß darauf hingewiesen werden, daß es vorerst wegen der erforderlichen hohen Aufwendungen nur möglich sein wird, diese Karten für wichtige rohstoffhöffige Gebiete anzufertigen. Aufgabe der Räte der Bezirke ist es, den Geologischen Diensten an Hand der Karten des Types 1 und 2 die Räume zu nennen, für die eine solche speziellere Darstellung vorrangig ausgearbeitet werden soll. Es sei dahingestellt, ob man jemals zu einer einheitlichen Karte des Types 3 gelangen wird oder ob es wirtschaftlicher erscheint, diese nur für bestimmte Schwerpunktgebiete auszuarbeiten.

Mit den gegenwärtig vorhandenen Unterlagen lassen sich für viele Bezirke nur die Karten des Typs 1 herstellen, auf denen aber für bestimmte Gebiete auch schon die Merkmale der anderen hier erwähnten Kartentypen dargelegt werden können. Zur Zeit kommt es darauf an, den Räten der Bezirke Rohstoffübersichten zur Verfügung zu stellen, die alle vorliegenden Untersuchungsergebnisse enthalten und aus denen auch der jetzige Stand der Forschung ersichtlich ist. Es ist deshalb notwendig, daß in den Rohstoffkarten die Gebiete, die bereits vom Sachgebiet Steine und Erden durch Bohrungen bzw. Schürfe spezieller geologisch untersucht worden sind, besonders gekennzeichnet werden. Ausgehend von dieser Bestandsaufnahme lassen sich dann Hinweise für eine weitere Vorratserkundung geben.

Die vorliegenden Ausführungen erheben nicht den Anspruch, alle im Zusammenhang mit der Anfertigung von Rohstoffkarten der Steine und Erden auftauchenden Fragen behandelt oder auch nur annähernd umfassend berücksichtigt zu haben. Durch sie soll nur, ausgehend von der großen Bedeutung einer Rohstoffübersicht für die komplexe perspektivische Gebietsplanung, eine Diskussion über diese Probleme herbeigeführt werden. Die Geologischen Dienste stehen vor der Aufgabe, solche Karten als brauchbare Unterlagen für die Planung anzufertigen. Es muß gelingen, die in dieser Hinsicht noch bestehenden Lücken in kurzer Zeit zu schließen, damit die erwähnten Disproportionen in Zukunft nicht mehr auftreten und die Planung in wahrhaft sozialistischem Sinne durchgeführt werden kann.

Zusammenfassung

Drei Typen von Rohstoffkarten der Steine und Erden, die der Wirtschaft Hinweise für eine ökonomisch richtige Entwicklung des entsprechenden Industriezweiges geben sollen, werden zur Diskussion gestellt. Die Karten unterscheiden sich im Genauigkeitsgrad und Umfang der hierfür verwendeten Unterlagen und somit in ihrer Aussagefähigkeit.
Verwendete Unterlagen:

Karte 1: Geologische Übersichts- und Spezialkarten (Maßstab 1:25000, 1:100000, 1:200000) Berichte und Gutachten der Archive

Karte 2: Geologische Spezialkarten (1:25000), Steinbruch- und Lockergesteinskartei

Karte 3: Unterlagen der Karten 1 und 2, umfangreiche großräumige Untersuchungen, z. T. Ausblockung prognostischer Vorräte

Резюме

Предлагаются на обсуждение три типа карт сырьевой базы в области строительного и керамического сырья, которые должны дать хазяйственникам указания для экономически правильного развития соответствующей отрасли промышленности. Карты отличаются друг от друга степенью точности и объемом использованных материалов, а поэтому и содержанием.

Summary

A discussion is opened on three types of stone and earth raw material maps with a view to help economy forward in the proper development of the corresponding branch of industry. Maps differ from each other by their degree of accuracy and the scope of data used for the purpose and consequently in the capability of statement.

Refraktionsseismische Übersichtsmessungen in der Deutschen Demokratischen Republik

WALTER MARTIN, Leipzig

1. Einleitung

In der Deutschen Demokratischen Republik wurden in den vergangenen Jahren refraktionsseismische Übersichtsmessungen durchgeführt, die jetzt kurz vor ihrem Abschluß stehen. Bei dieser Arbeit spielte das Streuschießen eine wesentliche Rolle. Streuermessungen wurden schon früher in Norddeutschland in einem Ausmaß angewendet wie wohl in keinem anderen Lande. In außerdeutschen Fachkreisen erregt diese Tatsache oft Verwunderung. Teilweise bestehen auch falsche Vorstellungen darüber, was von diesen Messungen erwartet werden kann.

Verf. möchte daher auf einige Probleme aus der Praxis der Übersichts- und Streuermessungen in unserer Republik eingehen.

2. Die Entwicklung der Refraktionsseismik von 1950 bis 1953

Als im Jahre 1950 die Gründung der Staatlichen Geologischen Kommission und bald darauf die des Geophysikalischen Dienstes erfolgte, arbeitete ein refraktionsseismischer Meßtrupp. Es wurden ihm Aufgaben gestellt, die von den damaligen Tagesinteressen bei der Ausnutzung und Erweiterung bekannter Lagerstätten, vor allem der Steinkohle und der Braunkohle, bestimmt waren. Vorwiegend wurden Aussagen über die Teufen bestimmter Schichten und über ihre Geschwindigkeitswerte gefordert und in den meisten Fällen auch gegeben. Wenn es aber beispielsweise darum ging, Karbon vom Kambrium oder Pleistozän vom Tertiär zu unterscheiden, waren die Geophysiker überfordert. Oft gelang es dennoch, auch hierüber nützliche Aussagen zu erhalten, indem ein Laufzeitplan ausgearbeitet wurde. Der Beobachtungsabstand mußte dabei den jeweiligen geologischen Bedingungen angepaßt werden. Im Laufe dieser ersten Zeit sind im Rahmen verschiedener Meßaufträge Laufzeitpläne mit Beobachtungsentfernungen von 200 bis 4000 m geschaffen worden. Diese Laufzeitpläne waren also mehr oder weniger unvorhergesehene Nebenprodukte.

Als die Refraktionsseismik in die Arbeiten für das Erdölprogramm einbezogen wurde, begann eine neue Etappe großzügiger, systematischer und erfolgreicher Erkundungsarbeit.

Als Untersuchungsobjekte wurden geophysikalische Anomalien gewählt, die als Salzstöcke gedeutet worden waren. Die Anomalien waren teilweise bei Schweremessungen, teilweise bei seismischen Messungen gefunden worden. Es wurde von der Refraktionsseismik eine Klärung des Strukturcharakters, der Abmessungen und Grenzen, der Teufen des Strukturscheitels und der umgebenden Schichten verlangt. Zu diesem Zweck wurden Linienbeobachtungen durchgeführt, manchmal einseitig, meist jedoch gegengeschossen. Bei den Linien über die Struktur hinweg wurden die Schußpunkte in relativ großem Abstand versetzt, weil ein fortlaufendes Profilieren der Unstetigkeitsgrenze nicht beabsichtigt war.

Die gravimetrischen und seismischen Messungen, denen das Auffinden der Anomalien zu danken war, waren älteren Datums und gingen auf die „Geophysikalische Reichsaufnahme" zurück. An dieser waren die Gravimetrie, die Magnetik und die Seismik beteiligt, allerdings, soweit sie unser heutiges Staatsgebiet betreffen, in verschieden großem Umfang.

Schweremessungen lagen für nahezu das gesamte Gebiet der Deutschen Demokratischen Republik vor, ebenso magnetische Meßergebnisse. Sie wurden von SIEMENS bzw. LAUTERBACH bearbeitet und 1953 als Schwerekarte der DDR bzw. als geomagnetische Karte veröffentlicht.

Für Nordwestdeutschland existierten solche Karten, von REICH bearbeitet, schon seit 1948. Dazu gehörten auch eine Karte der seismischen Anomalien und ein Laufzeitplan für 4 km Beobachtungsentfernung. Die seismischen Messungen, die diesem Plan zugrunde liegen, enden östlich der Westgrenze der Deutschen Demokratischen Republik. Ausschlaggebend dafür, daß sich die seismischen Messungen der „Reichsaufnahme" nicht weiter nach Osten erstreckten, waren die Ziele dieser Messungen. Sie dienten ausschließlich der Erdölerkundung.

Für weite Gebietsteile östlich der Elbe wurde damals eine Erdölhöffigkeit geleugnet. Hierbei spielte die Theorie von der „POMPECKJschen Schwelle" eine Rolle. Von Bedeutung war auch das Bestreben, eine Zersplitterung der ausländischen Kapitalien zu vermeiden und alle Investitionen auf das hannoversche Erdölgebiet zu konzentrieren. So ist es zu erklären, daß im Gebiet der heutigen Deutschen Demokratischen Republik zwar Schwere- und magnetische Messungen fast lückenlos vorlagen, seismische aber fehlten.

3. Die refraktionsseismischen Übersichtsmessungen in der Deutschen Demokratischen Republik

In dieser terra incognita begannen 1953 auf Initiative und unter Leitung von THOMAS die refraktionsseismischen Übersichtsmessungen.

3.1 Die geologischen Bedingungen

Von besonderem Interesse war das Gebiet nördlich der Mitteldeutschen Hauptlinie bis zur Ostsee. Südlich der Mitteldeutschen Hauptlinie liegen paläozoische Gesteine in verhältnismäßig geringer Teufe. Nördlich davon sind mesozoische und känozoische Sedimente in relativ großer Mächtigkeit vorhanden. Sie werden vielfach von Salzstrukturen aufgewölbt, teilweise auch durchstoßen. Mitunter sind Salzstöcke im Tertiär bis in Teufen von nur wenigen hundert Metern, stellenweise sogar nur

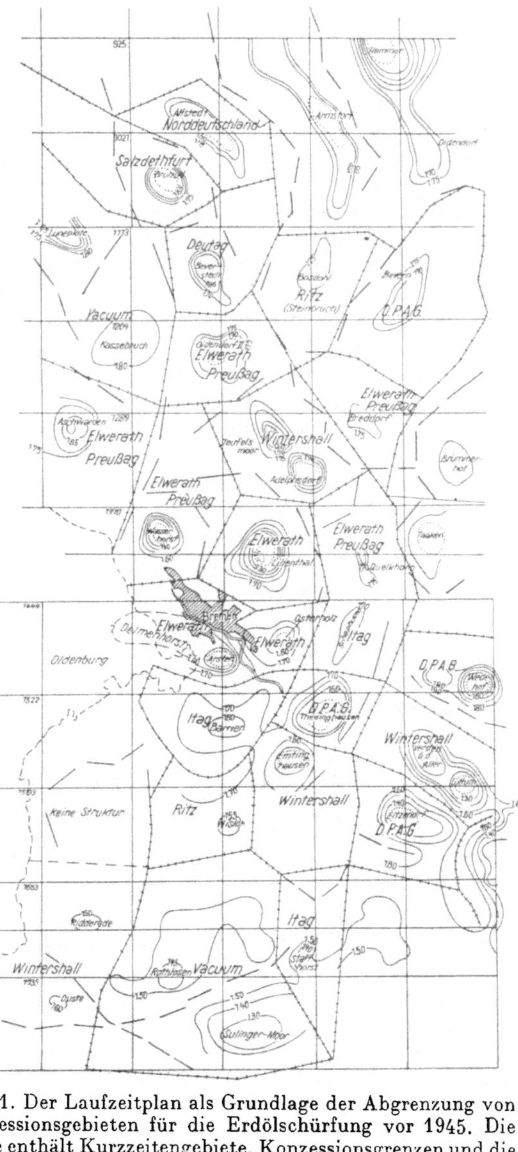

Abb. 1. Der Laufzeitplan als Grundlage der Abgrenzung von Konzessionsgebieten für die Erdölschürfung vor 1945. Die Karte enthält Kurzzeitengebiete, Konzessionsgrenzen und die Namen der konzessionierten Unternehmen.

100 Meter unter Flur aufgedrungen. Diese Diapire sind fast immer von bedeutenden Tertiäreinmuldungen umgeben. Die Mächtigkeiten des Tertiärs schwanken zwischen 0 und mehr als 1500 m.

Außerdem kommen in diesem Raum Strukturen (Antiklinalen und Senken) und vielfältige tektonische Störungen vor, die auf die mesozoisch-känozoischen Gebirgsbildungen zurückgehen und vorwiegend herzynisch, erzgebirgisch oder rheinisch gerichtet sind. So ergibt sich für die Lagerungsverhältnisse und Mächtigkeiten der Sedimentschichten ein auf engem Raum rasch wechselndes Bild. Dadurch unterscheiden sich die geologischen Verhältnisse Norddeutschlands von denen vieler anderer Länder. Dieser Unterschied gab den Ausschlag bei der Wahl der anzuwendenden seismischen Methode.

Im Norden der Deutschen Demokratischen Republik mußte anders verfahren werden als in Ländern, in denen großräumige geologische Einheiten dominieren. Dort bewährt sich bekanntlich die Vermessung seismischer Regionalprofile. Diese Methode für die Übersichtsmessungen in der DDR zu übernehmen, schien nicht zweckmäßig, weil die Häufung, die Anordnung und die Streichrichtungen der Strukturen im einzelnen zunächst unbekannt waren. Deshalb wurde der fast voraussetzungslosen Streuermethode der Vorzug gegeben. Damit wurde nicht etwa grundsätzlich auf die Vermessung von Regionalprofilen verzichtet, vielmehr sind die Streuermessungen dafür unerläßliche Voraussetzung.

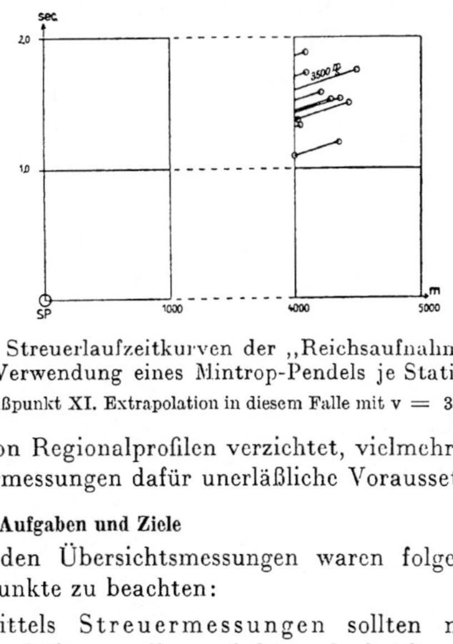

Abb. 2. Streuerlaufzeitkurven der „Reichsaufnahme" unter Verwendung eines Mintrop-Pendels je Station

Schußpunkt XI. Extrapolation in diesem Falle mit v = 3500 m/s

3.2 Die Aufgaben und Ziele

Bei den Übersichtsmessungen waren folgende Gesichtspunkte zu beachten:

1. Mittels Streuermessungen sollten möglichst alle Laufzeitanomalien erfaßt und damit auch die meisten innerhalb der Teufenreichweite liegenden geologischen Strukturen aufgefunden werden. Erfahrungsgemäß werden Antiklinalen und Salzstöcke, die in mehrfacher Hinsicht von Interesse sind, dabei recht deutlich angezeigt. Für die Beobachtungsentfernung von 4 km beträgt die Teufenreichweite rd. 1200 m.

Einer Vergrößerung der Teufenreichweite sind dadurch Grenzen gesetzt, daß mit zunehmender Beobachtungsentfernung die teilweise sehr eng benachbarten Einzelheiten des Laufzeitplanes ineinanderlaufen.

2. Alle Laufzeitanomalien sollten durch Linienbeobachtungen einer ersten Klärung zugeführt werden, so daß Aussagen über Charakter, Grenzen und Teufen der Anomalien möglich waren.

3. Der Laufzeitplan ist zur sinnvollen und rationellen Anlage von Spezialmessungen an Strukturen unentbehrlich. Fast immer hebt sich aus dem Bild der Isochronen die Streichrichtung der Strukturelemente eindeutig heraus. Dadurch ist es bei Spezialmessungen, seien es Reflexions-, Refraktions- oder Drehwaagemessungen, und auch bei Regionalmessungen möglich, die Profile zweckmäßig zu orientieren.

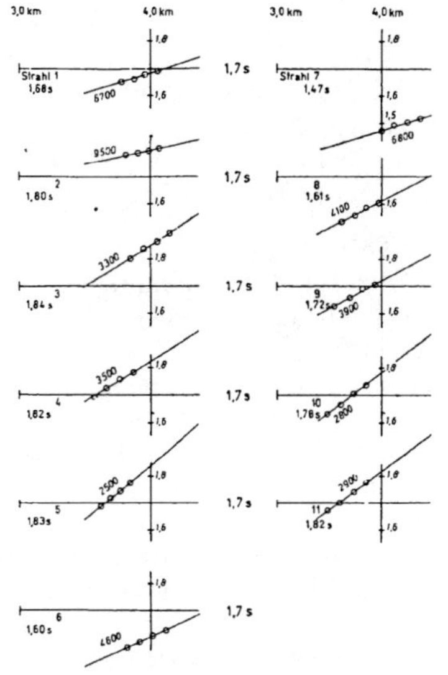

Abb. 3. Streuerlaufzeitkurven der Übersichtsmessungen der DDR unter Verwendung von 4-spurigen, elektrischen Refraktionsapparaturen. Streuer VI

4. Ohne Laufzeitplan ist unter den geologischen Bedingungen unseres Landes eine optimale Interpretation der Schwere- und magnetischen Störungen nicht möglich. Der Laufzeitplan erleichtert oder ermöglicht Aussagen darüber, ob eine Störungsursache oberflächennah oder tiefer zu suchen ist.

5. Der Laufzeitplan gibt Anhaltspunkte zur regionalen Gliederung. Bevorzugte Streichrichtungen, Häufung und Fehlen bestimmter Anomalietypen lassen Schlüsse über den großräumigen Bau zu.

Durch diese Grundsätze waren die Ziele der Übersichtsmessungen in der Deutschen Demokratischen Republik weiter gesteckt als die der früheren „Reichsaufnahme".

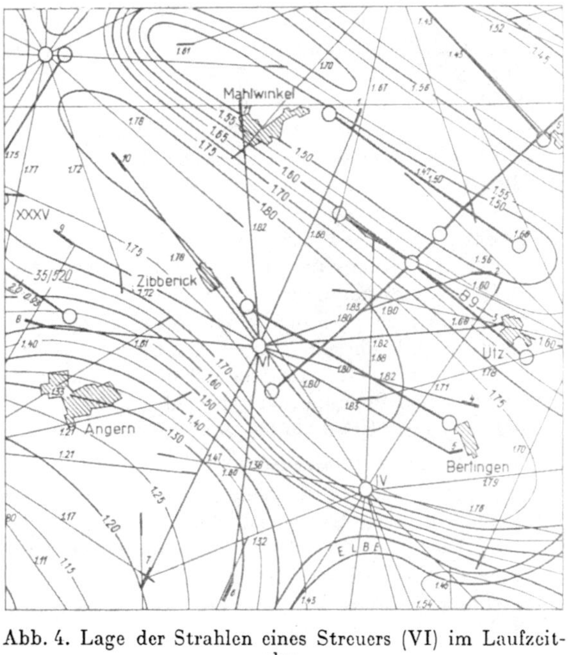

Abb. 4. Lage der Strahlen eines Streuers (VI) im Laufzeitplan

Dem „Reichsamt für Bodenforschung" ging es seinerzeit lediglich um das Auffinden von Kurzzeitengebieten. Untersuchungen an diesen selbst beschränkten sich auf ein Minimum, meist auf eine einseitig geschossene Linie. Das genügte, um Konzessionsgebiete abzugrenzen (Abb. 1) und an die kapitalistischen Erdölunternehmen zu vergeben. Es war dann deren Aufgabe, nähere geophysikalische Messungen durchführen zu lassen.

Unter sozialistischen Wirtschaftsbedingungen war es jedoch zweckmäßig, nicht nur das Vorhandensein von Anomalien zu konstatieren, sondern darüber hinaus sogleich den Charakter der Anomalien und ganzer zusammenhängender Teile des Laufzeitplanes seismisch zu klären.

3.3 Die Arbeitsweise

Die refraktionsseismischen Übersichtsmessungen in der DDR unterscheiden sich von denen der „Reichsaufnahme" sowohl in der Anlage der Messungen als auch hinsichtlich der verwendeten Apparaturen.

Bei den Übersichtsmessungen in der DDR ist das Streuernetz enger und die Anzahl der Linienbeobachtungen (durchweg gegengeschossene, mitunter auch gestaffelte) größer.

Bei der „Reichsaufnahme" besaß jede Station nur einen Mintrop-Seismographen. Die 4-km-Laufzeit mußte durch Extrapolation (Abb. 2) mittels einer für ein gewisses Gebiet als wahrscheinlich angenommenen Geschwindigkeit ermittelt werden.

Heute finden in der angewandten Seismik nur noch elektrische Apparaturen Verwendung. Refraktionsseismische Messungen werden in der Regel mit Apparaturen ausgeführt, die auch, ja vielfach vorwiegend, zu reflexionsseismischen Messungen benutzt werden. Sie arbeiten bekanntlich mit mehr als 20 Spuren und mit Geophonabständen von weniger als 50 m.

In der DDR wurden jedoch für die Übersichtsmessungen spezielle Refraktionsapparaturen verwendet. Sie arbeiten ebenfalls mit elektrischer Registrierung, besitzen aber nur 4 Spuren mit einem Seismographenabstand von 100 bis 150 m. Nur mit derartigen leicht beweglichen Apparaturen sind Streuermessungen wirtschaftlich durchführbar. Jeder Meßtrupp verfügte über vier oder fünf solcher Stationen, so daß drei oder zwei Schüsse genügten, um einen Streuer zu vollenden. Die vier Laufzeiten, die an einer Station registriert wurden (Abb. 3), erlaubten nicht nur eine sichere Bestimmung der 4-km-Laufzeit, sondern auch die Ermittlung der „Streuerendgeschwindigkeit". Diese wurde vielfach mit zur Interpretation herangezogen. Die unterschiedlichen Geschwindigkeiten, wie sie z. B. Abb. 3 zeigt, werden an Hand des Lageplanes (Abb. 4) verständlich. Die Strahlen 1 und 2 enden im Kurzzeitengebiet. Sie zeigen überhöhte Geschwindigkeiten, was auf Schichtenanstieg hinweist. Die Strahlen 6, 7 und 8 enden auf einer Trias-Hochscholle. Alle übrigen Strahlen liegen im Zwischengebiet. In Abb. 4 ist die für weite Teile der Deutschen Demokratischen Republik typische Häufung von Anomalien auf engem Raum zu beachten.

3.4 Der Laufzeitplan des Gebietes der DDR

Als Ergebnis der Übersichtsmessungen liegt nunmehr der Laufzeitplan der Deutschen Demokratischen Republik vor. Über die Einzelheiten des Planes wird in absehbarer Zeit Dr. THOMAS berichten. Hier genüge die Feststellung, daß auf der geophysikalischen Karte im nördlichen Teil unserer Republik die weiße Fläche des seismisch unerforschten Gebietes verschwunden ist. In diesem Gebiet wurden mehr als 120 Anomalien entdeckt, von denen nur ein kleiner Teil in den anderen geophysikalischen Karten zu erkennen ist.

3.41 Teilstück — Vorland der mitteldeutschen Hauptlinie

Abb. 5 gibt einen Ausschnitt aus dem Laufzeitplan wieder. Auf den ersten Blick fällt die große Zahl von Lang- und Kurzzeitengebieten auf.

Die runden Gebilde sind Kurzzeitengebiete. An der Form und an der engen Isochronenführung sind sie als Salzstöcke, und zwar als Diapire, erkennbar.

Ferner sind antiklinale Aufwölbungen als langgestreckte Kurzzeitengebiete zu erkennen.

Im Süden liegen mehrere Serien von Kurz- und Langzeitengebieten vor, die parallel zum Flechtinger Höhenzug ausgerichtet sind.

Die enge Scharung der herzyn verlaufenden Isochronen im Süden des Kartenausschnittes stellt eine sprungartige Abnahme der Laufzeiten nach Südwesten dar. Diese Laufzeitverkürzung wird durch die Hochlage paläozoischer Schichten großer Schallhärte bewirkt, während im Nordosten mächtige mesozoische, weniger schallharte Schichten, unter oft ebenfalls mächtigem Tertiär, lange Laufzeiten hervorufen.

Hier deckt sich die Deutung des Laufzeitplanes mit der Interpretation der Schwerekarte: Schwereüberschuß entspricht kurzen Laufzeiten; beides wird durch Hochlage alter Gesteine hervorgerufen.

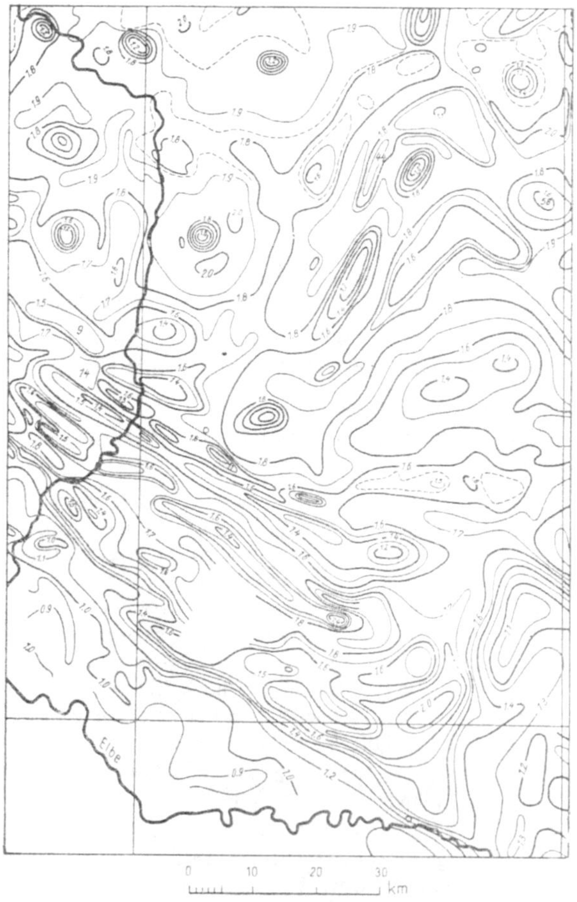

Abb. 5. Ausschnitt aus dem Laufzeitplan der DDR — Teil der Mitteldeutschen Hauptlinie und des nördlichen Vorlandes (nach THOMAS 1959)
Kurzzeitengebiete numeriert

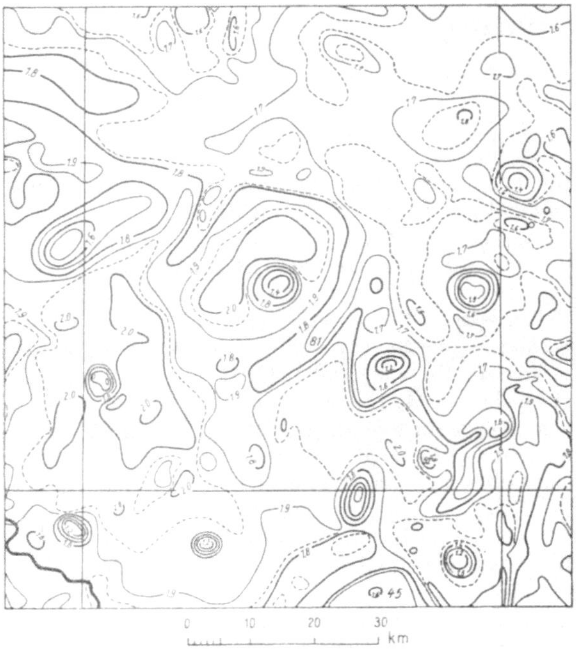

Abb. 6. Ausschnitt aus dem Laufzeitplan der DDR — Teil Prignitzblock (nach Thomas 1959)
Kurzzeitengebiete numeriert

3.42 Teilstück Prignitzblock

Nicht immer ist die Übereinstimmung so greifbar. Es finden sich auch scheinbare Widersprüche zwischen geophysikalischen Karten der anderen Methoden einerseits und dem Laufzeitplan andererseits. Aber gerade dieser Umstand erhöht den Wert des Laufzeitplanes.

Dafür ein Beispiel aus dem Gebiet des mecklenburgischen Schwererückens. Hier verzeichnen Schwerekarte und magnetische Karte übereinstimmend ausgedehnte Maxima. Sie wurden seinerzeit mit der hypothetischen Pompeckjschen Schwelle in Verbindung gebracht. Man vermutete hier das Kristallin in geringer Teufe. Der Laufzeitplan (Abb. 6) zeigt dagegen extrem lange Laufzeiten, also Schichten geringer Schallhärte (junge Sedimente) in großer Mächtigkeit. Die Linienbeobachtungen bestätigten die ungewöhnlich große Mächtigkeit der jungen Schichten und brachten keinerlei Anhaltspunkte für hochliegendes Kristallin. Wie von Meinhold (1955) berichtet wurde, ergaben Reflexionsmessungen Sedimentmächtigkeiten von mehr als 4000 m.

Dieser Fall beweist, daß zu einer maximalen Aussage die Anwendung aller geophysikalischen Methoden notwendig und der Laufzeitplan dabei unentbehrlich ist.

Wie schon dargelegt, ist der 4-km-Beobachtungsabstand keine universelle Standardentfernung. Im Interesse einer einheitlichen Kartendarstellung war man natürlich bemüht, ihn über möglichst große Flächen beizubehalten. Aber bei wesentlich verringerten Teufen der schallharten Schichten sind im Südosten der Republik auch große Flächen mit 2-km-Streuern mit ebenso gutem Erfolg überdeckt worden.

Auch im Osten und Nordosten sind 2-km-Laufzeitpläne gezeichnet worden. Unter den dort vorliegenden besonderen Bedingungen gestatten sie eine bessere Interpretation als die 4-km-Laufzeitpläne.

Auch bei eingehenderen lokalen Messungen erweist die Methode des Streuerschießens immer wieder ihre Brauchbarkeit. Ein Beispiel dafür, die refraktionsseismische Vermessung der Egelner Südmulde, wurde bereits in dieser Zeitschrift behandelt (Martin 1959).

Zusammenfassung

Der vorliegenden Arbeit liegt ein Vortrag zugrunde, den Verf. auf dem 5. Internationalen Symposium der Vereinigung ungarischer Geophysiker 1959 in Budapest gehalten hat.

In gedrängter Form wird die Entwicklung der Refraktionsseismik in der DDR von 1950 bis zur Gegenwart beschrieben. Es wird auf die Gründe eingegangen, die die refraktionsseismischen Übersichtsmessungen notwendig machten. An Hand einer kurzen Darlegung der geologischen Verhältnisse in Norddeutschland wird erläutert, warum die Methode des Streuerschießens gewählt wurde. Ferner werden die Aufgaben und Ziele der Übersichtsmessungen und die Arbeitsweise besprochen und mit denen der früheren „Geophysikalischen Reichsaufnahme" verglichen. Neben der Schwerekarte und der magnetischen Karte ist der Laufzeitplan für eine maximale Aussage unentbehrlich.

Резюме

В основу этой работы положен доклад, с которым автор выступал на 5-м международном симпозиуме Объединения венгерских геофизиков в 1959 г. в Будапеште.

В сжатой форме описано развитие сейсмического метода преломленных волн в ГДР от 1950 г. до настоящего времени. Автор указывает на причины, которые сделали необходимыми рекогнацировочные измерения методом преломленных волн. На основе краткого изложения геологических условий в северной Германии разъясняется, почему был выбран радиальный метод. В дальнейшем речь идет о целях и задачах обзорных измерений и о методах работы, которые сравниваются с прежними „государственными геофизическими съемками". Кроме гравитационных и магнитных карт необходим еще план времени пробега волн для получения максимальных данных.

Summary

The present paper is based on a lecture delivered by the author at the 5th International Symposium held in 1959 at Budapest by the Union of Hungarian Geophysicists. A summary account is given of the development of seismic refraction method in the German Democratic Republic from 1950 to the present time. Reasons are quoted to show the necessity of using general seismic refraction measurements. A short outline on the geological conditions in Northern Germany explains why the method of area blasting was chosen. A discussion is also presented on the functions and purposes of general measurements and their methods, including a comparison with the former „Geophysikalische Reichsaufnahme". It is indispensable for a maximum interpretation to use a travel time plan in addition to gravimetric and magnetic maps.

Literatur

Dorn, P: Geologie von Mitteleuropa. — E. Schweizerbartsche Verlagsbuchhandlung, Stuttgart 1951.

Kölbel, H.: Die bisherigen Ergebnisse der erdölgeologischen Erforschung Nordwest-Deutschlands. — Z. angew. Geol., **2**, S. 9—14 (1956).

— Stand und Ergebnisse der Kartierung des tieferen Untergrundes Nordostdeutschlands und angrenzenden Gebiete. — Ber. Geol. Ges., **4**, S. 115 bis 156 (1959).

Lange, E.: Die „Pompeckjsche Schwelle" — eine Erdöllegende. — Z. angew. Geol., **1**, S. 5—9 (1955).

Lauterbach, R.: Geophysikalische Karte der Deutschen Demokratischen Republik, 1 : 200000, Magnetik. — VEB Geophysik, Leipzig.

— Beiträge zur tektonischen Deutung der geomagnetischen Übersichtskarte der DDR. — Z. Karl-Marx-Univ. Leipzig, Math.-nat. Reihe, **3**, H. 3 (1953).

Martin, W.: Refraktionsseismische Arbeiten in der Egelner Südmulde. — Z. angew. Geol. **5**, S. 425—428 (1959).

Meinhold, R.: Der Untergrund des westlichen Mecklenburgs nach den Ergebnissen reflexionsseismischer Messungen. — Geologie, **4**, S. 55—64 (1955).

— Der Untergrund von Mecklenburg und der Prignitz und die Frage der Pompeckjschen Schwelle. — Ber. Geol. Ges., **2** (1957).

— Die Erdölhöffigkeit der DDR. — Freib. Forschh.-H., C 31, 1957.

Reich, H.: Geophysikalische Karte von Nordwest-Deutschland, 1 : 500000, 1948.

Siemens, G.: Die Schwerekarte der Deutschen Demokratischen Republik, 1 : 200000. — VEB Geophysik, Leipzig 1953.

— Die Schwerekarte der DDR. — Freib. Forsch.-H., C 7, 1953.

Thomas, E: Geophysikalische Karte der Deutschen Demokratischen Republik, 1 : 200000, Seismik.

— Bericht über die refraktionsseismischen Ergebnisse im Gebiet der DDR. — Archiv des VEB Geophysik, Leipzig 1958.

Materialien der „Geophysikalischen Reichsaufnahme". — Arch. VEB Geophysik, Leipzig.

Tatsachen zur Frage der Anwendung von Hydraton im Wasserbau

KARL KEIL, Dresden

1. Was ist Hydraton?

Hydraton ist ein neuartiges Dichtungsmittel auf anorganischer Grundlage. Er gründet sich auf die entscheidende Mitwirkung echter, d. h. hydratationsfähiger Tonminerale im Zusammenwirken mit Chemikalzusatz und Wasser. Ton bildet dabei nur einen geringen Bruchteil der Mischung, die überwiegend aus groben Sanden, aus Kies oder Löß bestehen kann. Seine Bewährung (W. STRIEGLER 1956), Tauglichkeit und Wirtschaftlichkeit ist durch den Entscheid des Amtes für Patent- und Erfindungswesen der DDR vom 13. 8. 1958 in einem Nichtigkeitsprozeß amtlich manifestiert worden.

R. KÖHLER (1957) warnt indessen vor der weiteren Anwendung. Er betont, daß „das Abrutschen eines größeren Teiles der nach dem Hydratonverfahren verlegten Dichtungsschürze am 30. August 1956 beim Hochwasserrückhaltebecken ‚Kalte Bode' bei Königshütte im Harz maßgeblichen Fachwissenschaftlern berechtigten Anlaß gab, dem Problem Hydraton kritisch näherzutreten".

2. Die Ursachen der Rutschung „Kalte Bode" und des angeblichen Versagens des Hydratonverfahrens

Die Rutschung ereignete sich nach einem starken Regenfall in der Nacht vom 29. zum 30. August 1956 in dem Teil der Dichtungsauflage an der Kalten Bode, der statt mit einem echten Ton, wie im unteren Teil im Jahre 1955, mit einem im Sinne des Verfahrens nach DWP 2929 völlig ungeeigneten, feinsandigen, schwachtonigen Schluff mit einer Plastizitätsziffer von 9,7 angesetzt wurde, während ein tauglicher echter Ton eine Plastizitätsziffer von 30 bzw. eine Fließgrenze w_f von 60% aufweist. Ebenso erfolgte bereits im Hafenbecken von Stalinstadt 1953 eine erste Falschanwendung unter Verwendung von Schluff. In der Entscheidung des Amtes für Patent- und Erfindungswesen der DDR heißt es dazu wörtlich:

„Daß es erfindungsgemäß darauf ankommt, bindige Bodenmassen einzusetzen, die eine gute Hydratationsfähigkeit aufweisen, wird jedem Fachmann durch den Hinweis in der Patentbeschreibung dadurch hinreichend deutlich offenbart, daß die dichtende Wirkung im Gegensatz zu den Verfahren, die mit labilen Wassergläsern arbeiten, nicht allein durch Porenverstopfung, sondern außerdem durch die halbchemische Bindung auf dem Wege der Hydratation erreicht wird."

3. Wie kam es zu dieser Fehlanwendung?

Der hochqualifizierte Brandiser Ton, der als geeignetes Tonmaterial im Hydraton im Jahre 1955 mit Erfolg an der Kalten Bode auf einer wenig dichten Lehmschicht in Stärke bis zu 140 cm einschichtig eingebaut wurde, stand im Jahre 1956 für den oberen Teil nicht zur Verfügung. Dieser echte Hydraton im unteren Teil hat nach mündlicher Bekundung am Einbau beteiligter Techniker nicht nur in dem regenreichen Jahre 1955 kleinere Böschungsrutschungen aus der freiliegenden oberen Lehmdichtung zum Stillstand gebracht, sondern hat auch die stärkste Belastungsprobe während der Rutschung mit einem Stoßdruck von mehreren Tausend mt/s ohne wesentliche Veränderungen ausgehalten. Dies ist der entscheidende und kritischste Gütetest für die Gleitsicherheit trotz regelbaren und ausschaltbaren thixotropen Verhaltens.

Man hat somit 1956 Hydraton ähnlich falsch angewandt, wie wenn man einen Beton anstatt mit Zement, dem Binder, mit Steinmehl und wenig Wasser herstellen würde. Bei geringer Veränderung des Wassergehaltes wird seine auf Kapillardruck allein begründete scheinbare Festigkeit vernichtet; er zerfällt. Dasselbe geschieht am Hydraton, wenn man ihm die erforderliche Menge an hydratationsfähiger, an der Plastizität qualitativ erkennbarer Tonmenge versagt; er zerfällt ebenfalls. Dann ist aber nicht das Verfahren als Versager anzusprechen. Ein mit Nieskyer Schluff (1956) angesetzter Hydraton entspricht somit nicht der Verfahrensvorschrift nach DWP 2929, die allein hierfür zutrifft.

Selbstverständlich gehört zu einem Hydraton, wie beim Beton, ein in bestimmten Grenzen regulierbarer Wasserzusatz, um die erforderliche Konsistenz zu erhalten.

4. Wie ist es überhaupt möglich, daß diese Grundlagen des DWP 2929 nicht beachtet wurden?

Wahrscheinlich wurde bei der Fehlanwendung 1956 von der irrigen Voraussetzung ausgegangen, es handle sich bei dem Verfahren DWP 2929 um ein labiles Wasserglas. Wasserglas läßt in frei regelbarer Zeit ein erstarrendes, nicht wieder unter Wasser erweichbares Kieselsäuregel entstehen. Es verhärtet trotz Zugabe von Ton, weil der Erstarrungsprozeß des Kieselsäuregels unaufhaltsam vorwärtsschreitet. Ton und Schluff bilden dann nur inaktive Füllstoffe. Bei dem endgültigen, vom Verfasser erfundenen sog. Hydratonverfahren, das bisher allein angewandt wurde, ist aber die Möglichkeit einer Kieselsäuregelausscheidung und einer bleibenden Erstarrung überhaupt ausgeschlossen. Hydraton gleicht damit einem Ton.

5. Zur Frage der angeblich gefährlichen Thixotropie

R. KÖHLER lehnt den Hydraton als labil und gleitgefährlich ab. Der Gegenbeweis wurde bereits durch das Verhalten der 1955 nach dem Verfahren DWP 2929 eingebauten Hydratondichtung geliefert.

Auch die Bewährung des Hydratons zur Dichtung des 1953 verlegten Geiselflußbettes bei Merseburg, wo dieser nur unter 26° Böschungsneigung hätte eingebaut werden dürfen, in Wirklichkeit aber unter einem Neigungswinkel bis zu mehr als 37° absolut stabil eingebaut wurde, beweist dessen Stabilität. Die Dichtung blieb stabil, obwohl sie seitdem im Erschütterungsbereich des in der Nähe verlaufenden Eisenbahnverkehrs liegt.

Die amtliche Gütekontrolle an der Kalten Bode hat 1957 ergeben, daß eine mechanische Verflüssigung des Hydratons unmöglich ist; denn es heißt im Bericht, „daß alle Versuche, den Hydraton wieder zu verflüssigen, fehlschlugen".

Schließlich hat der Cranzahler Hydratonteppich, der mit höherem Wassergehalt, nämlich mehr als 40%, eingebaut wurde, trotz seiner erst unter stärksten hochfrequenten, in der Natur niemals zu verzeichnenden

Schwingungsbewegungen möglichen Verflüssigung, den Beweis erbracht, daß er neben der hohen Dichte von $1 \cdot 10^{-8}$ cm/s auch einen Gleitsicherheitswinkel von 36—39° aufweist.

Professor Dr. ROSENQVIST aus Oslo, der sich seit Jahrzehnten mit den rutschgefährlichen Quicktonen Norwegens befaßt, verneinte in einem Gespräch mit dem Verfasser während des vierten Internationalen Kongresses für Erd- und Grundbau 1957 in London jede Möglichkeit der Auslösung einer Rutschung am Hydraton durch die Erschütterungen.

6. Ausreichende Dichtigkeit (k-Wert)

Die Behauptung R. KÖHLERs, daß die Untersuchung in Cranzahl im Jahre 1956 eine ‚noch ausreichende' Dichte erbracht hätte, ist unzutreffend. Als k-Wert wird eine Dichtigkeit von $1 \cdot 10^{-7}$ cm/s gefordert. Nach der Formel von TERZAGHI beträgt der k-Wert auf Grund der Untersuchungen in der Forschungsanstalt durch JÄNKE $1 \cdot 10^{-8}$ cm/s. Das heißt, er ist zehnmal höher als die übliche Dichte. Die Dichte hat in fünf Jahren (W. STRIEGLER 1956) zugenommen.

7. Ausschlämmsicherheit

Bei einem hydraulischen Gefälle von 1500:1 im rigorosen Dauerversuch an der Technischen Hochschule Dresden sowie an der Technischen Hochschule und auch an der Bundesversuchsanstalt für Wasserbau in Karlsruhe wurde die Ausschlämmsicherheit erwiesen. Daraus ersieht man die besonders harte Dauerprüfung und die Ausschlämmsicherheit gerade des Hydratons, die ein Lehm und Ton den Forschungsarbeiten nach in jeder Weise vermissen läßt.

8. Gleitsicherheit

Die Befürchtung R. KÖHLERs, daß bei einer plötzlichen Stauspiegelsenkung an der Cranzahler Talsperre infolge der weichbreiigen Beschaffenheit des Hydratons eine Katastrophe ausgelöst werden könnte, ist durch sehr eingehende, unter Leitung der Professoren OHDE und BRENDEL an der Technischen Hochschule Dresden durchgeführte Untersuchungen widerlegt.

Es wurde die Kontaktfläche zwischen Hydraton und angrenzendem Lehm im Schergerät untersucht. Dabei wurde festgestellt, daß die Scherfläche auch bei plötzlichen Stauspiegelsenkungen von fast 10 m im Lehm verläuft. Das am 31. 8. 1956 angestellte Experiment der Bauleitung „Kalte Bode" hat dagegen gezeigt, daß sich Wasser am Boden des in Mischung mit Nieskyer Schluff angesetzten falschen Hydratons im teilweise gefüllten Standzylinder anreichert. In der Praxis bedeutet dies, daß hier im Gegensatz zum echten Hydraton (Beispiel Cranzahl) eine Wasserschicht an der Grenze zum anschließenden Lehm entsteht, längs der die Reibung Null ist. Durch Belastung der Deckschicht und durch Erschütterungen bei ihrer Verdichtung wird diese Wasseranreicherung beschleunigt. Sie wird auch dann ausgelöst, wenn bei starkem Niederschlag das von oben eindringende Regenwasser die kapillare Wasserbindung in diesem falschen Hydraton verschwinden läßt und Porenwasserüberdruck auslöst. (Kalte Bode Dezember 1956). Ob der Nieskyer Schluff daher mit wenig oder viel Wasser angesetzt wird, ist unwesentlich; allein die Tatsache, daß er nicht im Sinne des DWP 2929 hydratationsfähig ist, ist ausschlaggebend. Und das erwähnt leider R. KÖHLER (1957) nicht.

9. Anwendungsbeispiele und Bewährung

R. KÖHLER behauptet, es ständen zwei bewährten zwei nichtbewährte Anwendungen in der Deutschen Demokratischen Republik gegenüber. Das Hydratonverfahren wurde bisher in der Deutschen Demokratischen Republik und in Westdeutschland an folgenden Einbaustellen erfolgreich angewandt:

Deutsche Demokratische Republik		Westdeutschland	
1950/51	Talsperre Cranzahl	1953	Dortmund—Ems-Kanal
1952/53	Geiseltal	1954	Reiterfangedamm Oberbayern
1953/54	Rückhaltebecken Straußfurt	1955	Hochwasserdamm Rhein
		1956	Hochwasserdamm Karlsruhe
1955	Kalte Bode, unterer Teil	1958	Rückhaltebecken Spraitbach
1957	Kalte Bode, oberer Teil	1958	Donaudamm Vilshofen bei Passau

Es stehen somit elf erfolgreichen zwei amtlich erwiesene Falschanwendungen gegenüber.

Es bedeutet einen großen Erfolg für die Wissenschaft der Deutschen Demokratischen Republik, daß auf dem Internationalen Schiffahrtskongreß in London im Juli 1957 von Professor RÖHNISCH, Stuttgart, dieses Verfahren auf Grund erfolgreicher Anwendung als neueres Dichtungsverfahren vorgetragen wurde, zumal es die von dem Bundesverkehrsministerium vorgeschlagene sog. „Bonner Lösung" am Dortmund-Ems-Kanal infolge seiner hohen Qualität verdrängte. Wörtlich berichten RÖHNISCH & FUHSE über die Eignung folgendermaßen: „Zusammenfassend kann festgestellt werden, daß die mit Hydraton durchgeführten Versuche in Beziehung auf die für eine Kanaldichtung wichtigen Eigenschaften — Durchlässigkeit, Scherfestigkeit, Beständigkeit gegen Erosion und gegen Zerfall bei Wasserlagerung — günstige Ergebnisse gezeigt haben."

Man sollte auf Grund der vielfachen erfolgreichen Anwendung das Hydratonverfahren für alle wichtigen weiteren Dichtungsaufgaben bevorzugt verwenden. Es verkürzt die Bauzeit, senkt die Kosten, macht vom Wettereinfluß, insbesondere Regen, unabhängig, spart erheblich mehr Stoff, insbesondere Ton. Es ist das wirtschaftlichste, einfachste und sicherste Verfahren. Allerdings sollte dafür in der Deutschen Demokratischen Republik eine leistungsfähige Tongrube für die zweckmäßige Tonmehlherstellung eingerichtet werden, wodurch die Leistung und Anwendung noch mehr gesteigert werden könnte.

Bezüglich der Fehlanwendung an der Kalten Bode im Sommer 1956 kommt das Amt für Patent- und Erfindungswesen der Deutschen Demokratischen Republik in der Abweisung der Nichtigkeitsklage zu folgendem, für die weitere Anwendung im In- und Auslande entscheidenden Urteilsspruch:

„Die . . . gefundenen Gleitsicherheitswerte, die Angaben über die reversible Konsistenz der Dichtungsmasse sowie die Feststellung, daß auch keine Gefügeverschlechterung — also keine Erosion — zu verzeichnen war [gemeint ist die Publikation von STRIEGLER (1956), die vom Kläger als absolut richtig anerkannt wurde], hat die Spruchstelle von der Richtigkeit der Behauptung des Antraggegners (Verfasser) überzeugt, daß der Hydratonbelag an der Kalten Bode abgerutscht ist, weil nicht erfindungsgemäß gearbeitet wurde."

Bezüglich der Tauglichkeit des Verfahrens sagt der amtliche Entscheid vom 13. 8. 1958 folgendes:

„Daß auf diesem einfachen Wege Ergebnisse erzielt werden, die sogar den bodenphysikalischen Anforderungen der Dammbautechnik gerecht werden, ist für den Fachmann überraschend. Diese Wirkung ist auch nur verständlich, weil erfindungsgemäß von kolloidchemischen Gesetzmäßigkeiten bewußt Gebrauch gemacht wurde."

10. Zur Frage der Synärese

Die ferner von R. KÖHLER behauptete Möglichkeit der Synärese, jener bekannten Erscheinung bleibender Schrumpfrißbildung an erhärtenden und erstarrenden Kieselsäuregelen, besteht bei Hydraton nicht, denn er ist imbibitiv wie jeder Ton.

11. Hydraton — Tonbeton

Das Tonbetonverfahren ist technologisch viel schwieriger. Hier ist eine Korngerüstmischung im Sinne der FULLER-Kurve absolut notwendig, die am Hydraton nicht erforderlich ist, da nach zahlreichen Einzeluntersuchungen der verschiedenen Forschungsaufträge die Stabilität mit der spezifischen hydratationsfähigen Oberfläche wächst. Die thixotrope Beschaffenheit des Hydratons, insbesondere beim Herstellen, ist eine ungemein wünschenswerte Eigenschaft, weil dabei alle Einbauschwierigkeiten, die beim Tonbeton auftreten, elegant gelöst werden und Hydraton wie ein Massenbeton ohne zusätzliche Verdichtung eingebaut werden kann. Jedenfalls läßt sich Hydraton und Hydratonbeton viel leichter und billiger herstellen und ist als stets dünnerer Dichtungsbelag bedeutend einfacher, gleichmäßiger und wasserdichter einzubauen als ein Tonbeton. Dies wurde von Praktikern an der Kalten Bode bestätigt.

Es ist in diesem Zusammenhang sehr interessant, zu wissen, daß das von H. BRETH (1958) beschriebene Beispiel Happurg trotz 1,5 bis 2,0 m Dicke versagt hat. Der Tonbeton ist an der Sohle undicht.

12. Die Bedeutung der Chemikalzusätze

Am Dortmund—Ems-Kanal wurde versucht, allein durch Tonzusatz dieselbe Wirkung in der Dichtigkeit zu erzielen wie nach dem Hydratonverfahren. Obwohl mit der vierfachen Menge an Ton gearbeitet wurde, blieb, abgesehen von der Erosionsempfindlichkeit, der k-Wert mit $5 \cdot 10^{-7}$ cm/s gegenüber $2 \cdot 10^{-8}$ cm/s um das 25fache größer als bei Hydraton. Dies ist wohl der überzeugendste Beweis für die Qualität des Verfahrens, nämlich Beschränkung des kostspieligen Tones unter Steigerung der Güte des Hydratons auf das Höchstmaß an Dichtigkeit.

13. Zusammenfassung

Das angebliche Versagen des Hydratonverfahrens an der Kalten Bode bei der Rutschung am 30. 8. 1956 sowie bei der Dichtung des Wendehafenbeckens Stalinstadt 1953 ist auf die Verwendung eines völlig untauglichen, nicht hydratationsfähigen Schluffs statt echten Tons zurückzuführen.

Wie die Untersuchungen ergaben, ist Hydraton wegen der chemischen Behandlung keinesfalls mit einem gewöhnlichen Ton oder Lehm, bei dem evtl. auch thixotrope Eigenschaften vorkommen, zu verwechseln. Weder Gleitgefährlichkeit noch stoffliche Ermüdung, innere Schwächung oder ungünstige Veränderungen des chemisch stabilisierten, hochdichtenden Hydratons konnten durch staatliche Untersuchungsanstalten nachgewiesen werden. Die Gefahr einer evtl. gleitgefährlichen Thixotropie sowie die einer Alterung, wie bei Mischungen mit labilen Wassergläsern, ist bei Ton und Hydraton ausgeschlossen.

Gegenüber jedem natürlichen Dichtungsmittel bietet das Hydratonverfahren folgende Vorteile: 1. Eintreten einer Hydratation der Feinstbestandteile mit den gröberen Bestandteilen der Dichtungsmasse; 2. geringer Bedarf an bindigen Lockergesteinen (Ton und Lehm), damit Unabhängigkeit von dem Vorkommen der natürlichen Dichtungsstoffe; 3. Dichtigkeit in Grenzen zwischen 10^{-8} cm/s bis 10^{-9} cm/s; 4. hohe Gleitsicherheit, die im Bereich eines Grobsandes bis Feinkieses liegt; 5. wirtschaftliche Einbaumethode gegenüber dem lageweisen Einbringen der natürlichen Dichtungsstoffe wie Lehm und Ton.

Die sich bei Anwendung des Verfahrens ergebende wirtschaftliche Überlegenheit gegenüber anderen Verfahren wird vor allem dadurch erzielt, daß der erfindungsgemäß hergestellte Hydraton ähnlich wie Massenbeton gefördert und eingebaut werden kann.

Literatur

Amt für Erfindungs- und Patentwesen der DDR: Entscheidung in der Nichtigkeitsklage des VEB Schachtbau, Verfestigungen und Abdichtungen Nordhausen gegen das DWP 2929 vom 13. 8. 1958 durch die Spruchstelle für Nichtigkeitserklärungen und Löschung von Patenten des Amtes für Erfindungs- und Patentwesen der DDR.

BJERRUM: Considerations in the sensitivity of Norwegian. — Quick days, Oslo 1953.

BRETH, H.: Die erdbaumechanischen und erdbautechnischen Untersuchungen für das Pumpspeicherwerk Happurg. — Die Bautechnik, 35, S. 228—231 (1958).

KEIL, K.: Der Dammbau. — Springer-Verlag, Berlin 1954.

— Geotechnik, 3. Aufl. — VEB Verlag Wilhelm Knapp, Halle (Saale) 1959.

— Neuere Untersuchungsergebnisse am Hydratonverfahren. — Wiss. Z. d. Hochschule f. Verkehrswesen Dresden, H. 1, S. 63—77, 1957.

KÖHLER, R.: Gedanken zur Frage der Anwendung von Hydraton im Talsperrenbau. — Z. angew. Geol., 3, S. 323—327 (1957).

RÖHNISCH & FUHSE: Bericht für den 19. Internationalen Kongreß für Schiffahrt (Deutsche Berichte). — London 1957.

STRIEGLER, W.: Das Hydratonverfahren nach fünfjähriger Bewährung. — Wasserwirtschaft/Wassertechnik. 6, S. 349—351 (1956).

FRANZ WILHELM WERNER v. VELTHEIM

zum 175. Geburtstag am 10. November 1960

WALTER STEINER, Weimar

Am 10. November 1960 jährt sich zum 175. Male der Geburtstag des bedeutenden mitteldeutschen Geologen und Bergmanns FRANZ WILHELM WERNER Freiherr v. VELTHEIM. Durch sein großes geologisches Lebenswerk „Geognostische Betrachtung der Alten Sandsteinformation am Harz ..." ist der Name W. v. VELTHEIM für immer mit der geologischen Erforschung des Permokarbon im östlichen Harzvorland verbunden.

WERNER v. VELTHEIM wurde am 10. 11. 1785 in Rothenburg an der Saale geboren. Sein Vater war der Leiter des dortigen Oberbergamtes. So wurde er schon frühzeitig an die Probleme des Bergbaus und der Geologie herangeführt. Nach dem Tode des Vaters (1796) war vor allem der preußische Oberberghauptmann Graf REDEN sein Förderer. Nach den ersten praktischen Arbeiten als Bergeleve im Steinkohlen- und Erzbergbau Niederschlesiens ließ sich W. v. VELTHEIM im September 1805 als Student der Bergwissenschaften in Freiberg an der dortigen Bergakademie immatrikulieren. Hier wurde der große Mineraloge und Geologe ABRAHAM GOTTLOB WERNER (1749—1817) sein Lehrer. Unter den Kommilitonen finden sich Namen wie A. v. HUMBOLDT, J. K. FREIESLEBEN, E. F. GERMAR (später Professor der Geologie in Halle). 1809 beendete W. v. VELTHEIM sein Studium in Göttingen. Nach kurzer Tätigkeit an der Wirkungsstätte seines Vaters in Rothenburg (Saale) übernahm er 1812 die Leitung des Bergamtes zu Eisleben. Das wissenschaftliche Werk aus dieser Zeit ist die „Darstellung der wichtigsten Verhältnisse des Mansfelder Kupferschieferbergbaus". 1815 wurde W. v. VELTHEIM mit der Leitung des neu gegründeten Oberbergamtes in Halle betraut, dessen bergwirtschaftliche Schwerpunkte der Mansfelder Kupferschieferbergbau, die Salinen des mitteldeutschen Raumes und der Steinkohlenbergbau bei Wettin und Löbejün waren. 1835 wurde W. v. VELTHEIM in Berlin zum höchsten Bergbeamten des damaligen Königreiches Preußen ernannt. Krankheit zwang ihn jedoch schon wenige Jahre später zur

FRANZ WILHELM WERNER v. VELTHEIM, 10. 11. 1785—31. 12. 1839 — Königl. Preuß. Oberberghauptmann (nach einer Lithographie von FR. JENTZEN im Stadtarchiv Halle a. d. S.)

Pensionierung. Am 31. 12. 1839 verstarb W. v. VELTHEIM auf seinem Gute zu Schönfließ.

Die große Bedeutung des geologischen Schaffens W. v. VELTHEIMs liegt in der hervorragenden Materialsammlung. In einer wohl vorbildlichen Art verstand er es, die geologischen Geländebeobachtungen festzuhalten und in seinen Publikationen die Deutung von dem tatsächlich Gesehenen zu trennen. Sein Lebenswerk „Geognostische Betrachtung der Alten Sandsteinformation am Harz und in den nördlich davon belegenen Landstrichen zwischen den Flüßchen Aller und Ohre" (Halle und Ostrau 1821—1829)[1] ist für jedes stratigraphische Arbeiten im Permokarbon des östlichen Harzvorlandes einschließlich der Halleschen Mulde, des Meisdorfer und Ilfelder Beckens von grundlegender Bedeutung. Zahlreiche von ihm beschriebenen, ungemein wichtigen Aufschlüsse sind heute nicht mehr vorhanden, z. B. die Untertageaufschlüsse des mitteldeutschen Steinkohlenbergbaus. Der Begriff „Rotliegendes" dürfte in seiner exakten Formulierung von ihm in die Literatur eingeführt worden sein. Bei der Beschreibung der Hornburger Schichten findet man Begriffe wie rundkörniger und kristalliner Sandstein, die heute in die Nomenklatur der modernen Stratigraphie eingegangen sind. Dies sind nur einige Fakten, die dieses Werk so bedeutungsvoll werden lassen. Ein Kernproblem der Stratigraphie des halleschen Permokarbon kannte er nicht, nämlich die Einordnung der halleschen Quarzporphyre. Als getreuer WERNER-Schüler war er zeitlebens Neptunist. Die Quarzporphyre waren für ihn Sedimentgestein wie die den Porphyren im geologischen Profil benachbarten Sandsteine und Schiefertone. Jedoch schien er seinen großen Fehler selbst zu sehen, wenn er in dem Schlußwort seines Lebenswerkes schrieb:

„Ich kann nicht in Abrede stellen, daß ich bei meinen Beobachtungen vorwaltend von einer antivulkanischen Ansicht ausgegangen bin, und wenn dieser Umstand vielleicht auf die Art der Anschauung nicht ohne Einfluß geblieben sein sollte, so hoffe ich doch, daß die genaue Aufsuchung und Beziehung gerade der Punkte, wo die porphyrartigen Bildungen mit ihren Begleitern in Berührung treten, das beste Mittel für andere abgeben wird, die Irrtümer zu berichtigen, in die ich verfallen sein möchte."

[1]) Die noch 1940 in vier alten Handschriften vorhandene Arbeit wurde auf Anregung des halleschen Professors der Mineralogie Ferdinand v. WOLFF von Dr. H. FREYDANK überarbeitet und im Jb. d. Hall. Verbandes 1940 (NF. Bd. 18, v. VELTHEIM-Band) veröffentlicht.

In W. v. VELTHEIM haben wir einen der bedeutenden Vertreter der klassischen Periode der Geologie vor uns. Er war kein Forscher, der grundsätzlich neue Gedanken allgemeiner Art den wissenschaftlichen Fachkreisen vorlegen konnte. Vielmehr war er einer der großen Regionalgeologen seiner Zeit, die bereits ein stratigraphisches System erarbeitet hatten, das sich im Laufe der weiteren Forschungsgeschichte in vielen Teilen als richtig erwiesen hat. Sein noch jetzt aktuelles Lebenswerk zeigt uns gleichzeitig, daß der Geologe auch heute Geländearbeit und Schaffen am Schreibtisch sinnvoll verbinden muß, daß er auch heute nach dem alten Leitspruch „mente et malleo" tätig sein sollte.

Wissenschaftliche Arbeiten F. W. W. v. VELTHEIMs

1. Gedruckte Arbeiten

Mineralogische Beschreibung der Gegend von Halle. — Jahrbücher der Ambulatorischen Klinik zu Halle, hrsg. v. P. KRUKENBERG, Bd. I, S. 97—152, Halle 1820. (2. unveränderte Aufl. 1824) — Auch als Buch für sich erschienen. 56 S., Halle 1820.

Übersicht von dem Umfange des Distrikts des Niedersächsisch-Thüringischen Ober-Berg-Amts, und Bemerkungen über die wichtigsten Gegenstände seiner Verwaltung. — Archiv f. Bergbau und Hüttenwesen, hrsg. von C. J. B. KARSTEN, Bd. 2, H. 2, S. 1—34, Berlin 1820.

Mineralogische Beschreibung der Gegend von Halle. — Mineral. Taschenbuch f. d. Jahr 1822 v. K. C. v. LEONHARD, Abt. 2, S. 339—392, Frankfurt (Main) 1822 (= LEONHARDs Taschenbuch für die Mineralogie, Jg. 6, Abt. 2).

Über das Vorkommen einer gangförmigen Lagerstätte schlackenartiger Bildungen im Porphyr zwischen Brachwitz und Halle. — Jb. d. Chemie und Physik, hrsg. von J. S. C. SCHWEIGGER, Bd. 9, S. 257—258, Nürnberg 1823 (= Journal für Chemie und Physik, Bd. 39).

Betrachtung einiger wichtigen Erscheinungen, die in dem Verhalten der Salzquellen von Schönebeck beobachtet worden sind. — Jb. d. Chemie und Physik, hrsg. von J. S. C. SCHWEIGGER, Bd. 10, S. 431—474, Halle 1824 (= Journal für Chemie und Physik, Bd. 30).

Über das Vorkommen der metallischen Fossilien in der alten Kalkformation im Mannsfeldischen und im Saalkreise. — Archiv f. Bergbau und Hüttenwesen, hrsg. von C. J. B. KARSTEN, Bd. 15, S. 89—170, Berlin 1827.

Über ein gangartiges Vorkommen, welches im älteren Porphyre bei Brachwitz aufgefunden worden. — Z. f. Mineralogie, hrsg. von K. C. v. LEONHARD, Bd. 2, S. 669—678, Heidelberg 1828 (= Taschenbuch für d. gesamte Mineralogie usw., Jg. 22, Bd. 2, Heidelberg 1828).

Geognostische Betrachtungen über die Bohrversuche, die auf der Saline Kötschau angestellt worden sind, zugleich mit einem Blick auf diejenigen, die im benachbarten Auslande unternommen worden sind. — Teutschland, geognostisch = geologisch dargestellt und mit Charten und Durchschnittszeichnungen erläutert. — Eine Zeitschrift in freien Heften herausgegeben von Chr. KEFERSTEIN, Bd. 6, H. 1, S. 104—122, Weimar 1828.

Geognostische Beschreibung der zum Regierungs-Bezirk Merseburg gehörenden Landestheile, mit Rücksicht auf das unmittelbar angrenzende Ausland. — Archiv f. Mineralogie, Geognosie, Bergbau u. Hüttenkunde, hrsg. von C. J. B. KARSTEN, Bd. 9, S. 285—376, Berlin 1836 (= KARSTENs Archiv f. Mineralogie, Bd. 9, H. 2).

Über ein bisher wenig beachtetes Vorkommen von Bergtheer in Nord-Deutschland. — Archiv f. Mineralogie, Geognosie, Bergbau u. Hüttenkunde, Bd. 12, H. 1, S. 174—177, Berlin 1839 (= KARSTENs Archiv f. Mineralogie, Bd. 12, H. 1).

Gutachten über das Salzlager zu Staßfurt, geschrieben zu Ostrau am 26. Juni 1838 (17. September 1823). — Hrsg. v. E. FULDA in „Aus der Vorgeschichte des Staßfurter Kalisalzbergbaus II, Gutachten von KARSTEN und von v. VELTHEIM". — Z. f. d. Berg-, Hütten- und Salinewesen, Bd. 82, H. 2, S. 176, Berlin 1934.

Geognostische Betrachtung der Alten Sandsteinformation am Harz und in den nördlich davon belegenen Landstrichen zwischen den Flüßchen Aller und Ohre. — Manuskript 1821—1829, überarbeitet und herausgegeben von H. FREYDANK im Jb. d. Hall. Verb., N. F., Bd. 18, v. VELTHEIM-Band, Halle (Saale) 1940.

2. Handschriftliche Arbeiten[2])

Über das Naundorfer Revier und die auf das Jahr 1804 anzugreifenden Vor- und Ausrichtungsarbeiten des Tiefbaues in der Friederique. — Rothenburg a. d. S. 1804.

Entwurf eines Stolln-Betriebes-Planes für die Königsgrube in Hinsicht ihrer Verbindung mit dem tiefen Haupt-Schlüssel-Erb-Stolln zu Zabrze. — Königsgrube 1805.

Beschreibung des Pferdegöpels auf dem Marien-Schachte der Grube Beschert Glück bei Freiberg. — Freiberg i. Sa. 1806.

Darstellung der wichtigsten Verhältnisse des Mannsfelder Kupferschieferbergbaues. — Eisleben 1812.

Geognostische Betrachtung der Alten Sandsteinformation am Harz und in den nördlich davon belegenen Landstrichen zwischen den Flüßchen Aller und Ohre. — Halle u. Ostrau 1821—1829[1]).

Literatur über W. v. VELTHEIM

FREYDANK, H.: Franz Wilhelm Werner Freiherr v. Veltheim. — Z. Berg-, Hütten- u. Salinenwesen, Bd. 88, H 5, S. 111—143, Berlin 1940.

SERLO, W.: Männer des Bergbaus. — Berlin 1937.

SCHIFFNER, C.: Aus dem Leben alter Freiberger Bergstudenten. Bd. 2, Freiberg 1935/38.

[2]) Zusammenstellung der Handschriften nach H. FREYDANK 1940.

Venezuela und die Expansion der deutschen Monopole

HORST ULBRICH, Berlin

Einleitung

Venezuela — einer der bedeutendsten Rohstofflieferanten der Welt — gehört neben anderen Ländern Lateinamerikas zu den Interessengebieten westdeutscher Monopole. Neben Waren- und Kapitalexport sind es vor allem die Rohstoffinteressen, die die Expansion der westdeutschen Monopole charakterisieren.

Die wichtigsten Rohstoffvorkommen Venezuelas (Abb. 1)

Venezuela besitzt große Vorkommen an Erdöl und Erdgas sowie an hochwertigen Eisenerzen. Seit etwa 20 Jahren liegt das Land in der Erdölproduktion der Welt an zweiter Stelle hinter den USA. Der Buntmetall- und Steinkohlenbergbau spielt zur Zeit eine nur untergeordnete Rolle, obgleich auch hier große Vorräte vorhanden sind. Die früher wichtige Gold- und Diamantengewinnung ist nur noch von örtlicher Bedeutung.

Erdöl

Die reichsten Erdöllagerstätten liegen im Westen des Landes unter dem See von Maracaibo und in dem benachbarten Tiefland, das von den bis 5000 m hohen Gebirgsketten der Anden umgeben ist. Die Gesamtvorräte in diesem Becken werden auf 2,4 Mrd. t geschätzt. Hier befindet sich eines der reichsten Ölfelder der Welt — das sog. Bolivar-Seeufer-Feld, das aus in geringer Tiefe lagernden miozänen Sanden und teilweise aus bis zu 3500 m tiefen eozänen Sanden produziert. Reine Kluftlagerstätten in kretazischen Kalken und mesozoischen Vulkaniten treten nordwestlich von Maracaibo auf. Diese Lagerstätten zeichnen sich durch leichtes paraffinbasisches Öl und besonders hohe Förderziffern pro Bohrung aus. Ein weiterer wichtiger Erdölbezirk ist Tarra an der Grenze zu Kolumbien. Sehr asphaltreiche Öle treten in tertiären Sanden von Boscán und Urdaneta bei Maracaibo auf. Das Becken von Barinas-Apure ist infolge seiner Abgelegenheit noch wenig erschlossen. 1957 wurde der Bau der 340 km langen Pipeline von den Silvestre-Feldern (Barinas) nach der Küste bei Puerto Cabello abgeschlossen. Die Felder fördern 12500 t pro Tag. In Zentralvenezuela, im Staate Guarico, liegen die Felder von Las Mercedes und Tucupido, aus denen vor allem gasreiche Leichtöle gefördert werden. Die zweitreichsten Erdöllagerstätten des Landes liegen im Nordosten in den Bezirken Anzoategui, Monagas und Delta Amacuro. Das Erdöl kommt hier in tertiären, meist oligozänen Sandlinsen vor und liegt in mittleren Teufen. Die Zusammensetzung der Öle ist sehr unterschiedlich; die spezifischen Gewichte schwanken von 0,959 (Asphaltöl) bis 0,743 (Leichtöl).

Insgesamt betragen die bisher nachgewiesenen Vorräte an gewinnbarem Erdöl in Venezuela rund 2,6 Mrd. t.

Erdgas

Auf allen Erdöllagerstätten des Landes fallen erhebliche Erdgasmengen an. Daneben wurden ausgedehnte Erdgasfelder (reine Gaslagerstätten) im Nordosten des Landes nachgewiesen. Insgesamt wurden bisher 850 Mrd. cbm Erdgas als Vorräte festgestellt. Jährlich werden etwa 30 Mrd. cbm Gas als Nebenprodukt der Ölgewinnung gefördert. 1957 wurden davon etwa 11,3% als Brennstoff genutzt; 1,3% wurden zu Benzin verarbeitet und 23% zur Druckerhaltung in die Öllagerstätten eingepreßt. 64,4% wurden in die Luft abgeblasen oder verbrannt.

Kohle

Die reichsten Lagerstätten hochwertiger Steinkohle liegen im Westen des Landes im Bezirk Zulia am Rio Guasare. Die Vorräte wurden auf etwa 1 Mrd. t geschätzt. Die nahe der Oberfläche lagernden Vorkommen sind bisher noch fast ungenutzt. Neben diesem Steinkohlenbecken finden sich Vorkommen südlich Caracas, bei San Cristobal und bei Naricual. Diese Lagerstätten besitzen zusammen etwa 100 Mill. t Vorräte.

Eisenerz

Südlich des unteren Orinoko am Nordrand des von metamorphen und magmatischen Gesteinen aufgebauten Schildes von Guayana befinden sich die riesigen Eisenerzlager von Cerro Bolivar. 1940 wurde diese Lagerstätte von amerikanischen Geologen als große magnetische Anomalie mit insgesamt 390 Mill. t Eisenerz mit Gehalten bis zu 64% Fe festgestellt. 1950 wurde der Abbau durch den amerikanischen Stahlkonzern United Steel Corporation begonnen. 1956 wurden aus dieser Lagerstätte allein 11 Mill. t hochprozentiger Eisenerze exportiert. Damit war Venezuela nach Kanada der zweitgrößte Eisenerzexporteur der Welt. Der Export ging vorwiegend in die USA, aber auch nach Westdeutschland, England, Italien und Japan.

Weitere Eisenerzvorkommen liegen nordöstlich von Cerro Bolivar bei El Pao und Upata. Die Erze werden im Erzhafen Puerto Ordaz am Orinoko verladen.

Die Eisenerztagebaue Venezuelas verfügen über 990 Mill. t an greifbaren Vorräten, weitere 1065 Mill. t wurden in den angrenzenden Gebieten nachgewiesen. Damit besitzt das Land etwa 4% der Weltvorräte.

Buntmetalle

Im Bezirk Lara liegen die seit etwa 1600 erschlossenen Kupfervorkommen bei Aroa. Seit 1936 ruht hier der Bergbau, soll jedoch in absehbarer Zeit wiedereröffnet werden, da beträchtliche Vorräte an kupferhaltigem Pyrit nachgewiesen wurden. Kleinere Kupfererzvorkommen findet man östlich von Puerto Cabello.

Ausgedehnte Vorkommen an hydrosilikatischen Nickelerzen mit geringeren Ni-Gehalten (1—2%) liegen bei Caracas, werden aber zur Zeit noch nicht genutzt.

Bleierze werden in den Anden von Mérida abgebaut; die jährliche Produktion in diesem Gebiet liegt bei etwa 900 t Pb.

Edelmetalle und Diamanten

Gold-Quarzgänge werden bei El Callao östlich Giudad Bolivar abgebaut. Die Gewinnung von Seifengold aus Alluvionen im Flußgebiet des Caroni ist stark zurückgegangen.

Abb. 1. Die wichtigsten Rohstoffvorkommen Venezuelas

In den letzten Jahren wurden in Venezuela etwa 2000 kg/Jahr an Gold erzeugt. Ebenso wie das Seifengold werden die Diamanten auf einfache Weise aus Flußsanden gewaschen.

Abb. 2. Die Rohstoffvorkommen Lateinamerikas

Besonders am Oberlauf des Caroni liegen größere Diamantenvorkommen. 1955 wurden dort 141000 Karat produziert. Der Anteil der schleifwürdigen Schmucksteine liegt bei 28%.

Sonstige mineralische Rohstoffe

Südwestlich Valencia liegen die Asbest-Tagebaue von Tinaquillo, die jährlich etwa 1600 t Rohasbest produzieren.

Große Lager hochwertiger Phosphate wurden bei Riecito im Bezirk Falcon nachgewiesen.

Im Schild von Guayana wurden größere Manganerzlager bei Upata und ausgedehnte, noch nicht genutzte Bauxitlager zwischen dem Orinoko-Delta und der Grenze zu Britisch-Guayana nachgewiesen.

Besonders in Ostvenezuela liegen noch große, geologisch nicht erforschte Gebiete, die sehr erfolgversprechend auf die verschiedensten mineralischen Rohstoffe sind.

Die Rohstoffinteressen der westdeutschen Monopole

Westdeutschland deckte seine Rohstoffimporte (vor allem Kupfer-, Blei- und Eisenerze) im Durchschnitt der Jahre 1950 bis 1956 zu etwa 9% durch Lieferungen aus Lateinamerika. 1958 stieg der Import an Kupfererzen auf 39,6%, an Bleierzen auf 31,3%, an Eisenerzen auf 16,3% und an Erdöl auf 17,8% der Gesamteinfuhr. Bei den Importen von Eisenerz steht Venezuela an erster Stelle. 1957 erreichte die Eisenerzförderung in Venezuela 15 Mill. t und damit fast die Förderung von Schweden (19,5 Mill. t).

Venezuela nimmt aber auch unter den Erdölproduzenten Lateinamerikas eine dominierende Stellung ein. Daher bemühen sich westdeutsche Interessenten seit längerer Zeit, in Venezuela Erdölkonzessionen zu erhalten. 1956 wurde in Caracas die C. A. Petroleira de Venezuela mit einem Aktienkapital von 1 Mill. Bolivares gegründet. Diese Gesellschaft, die inzwischen in Petroleos Venezolanos S. A. umbenannt wurde, ist ganz in den Besitz der Deutschen Erdöl-AG (DEA), Hamburg, übergegangen.

Die deutschen Monopole werden ihre Anstrengungen, im größeren Umfange Besitz von den gewaltigen Rohstoffreichtümern Lateinamerikas (Abb. 2) zu ergreifen, in nächster Zeit zweifellos vervielfältigen. Sie werden dabei in einen immer größer werdenden Widerspruch zu den amerikanischen, britischen und anderen Monopolen geraten. Aber auch zu den Interessen der lateinamerikanischen Länder geraten die westdeutschen Imperialisten immer mehr in Widerspruch.

Die Expansion der deutschen Monopole steht in krassem Gegensatz zum Bestreben der Deutschen Demokratischen Republik, ihre wirtschaftlichen Beziehungen zu allen Ländern Lateinamerikas auf der Basis des gegenseitigen Vorteils und der Gleichberechtigung weiter zu verstärken.

Literatur

MARTIN, G.: Venezuela – einer der bedeutendsten Rohstofflieferanten der Welt. Die Umschau, 59. Jg., H. 15, S. 449–452 (1959).

Deutsches Wirtschaftsinstitut, Bericht 21, 1959.

The Financial Times, London, Nr. 21 552 v. 21. 8. 58. u. Nr. 21 194 v. 31. 6. 1957.

„Mit Geologie beschäftigt sich die ganze Partei und das ganze Volk“

Friedrich STAMMBERGER, Berlin

In seiner Eröffnungsrede zur Chinesischen Stratigraphischen Versammlung (14. November 1959), die von der Akademie der Wissenschaften der Volksrepublik China, dem Ministerium für Geologie und der Geologischen Gesellschaft Chinas mit anderen Institutionen organisiert worden war, teilte LI SY-GHUAN einige neue Daten über die in der Volksrepublik China durchgeführten geologischen Arbeiten und den Stand der geologischen Wissenschaften mit.

Bemerkenswert ist allein schon die Tatsache, daß an der Versammlung 475 Teilnehmer mit beschließender Stimme und 175 mit beratender Stimme teilnahmen. Aus der Sowjetunion wohnte eine Delegation mit D. W. NALIWKIN der Beratung bei. Bis zur Befreiung arbeiteten in China nur einige hundert Geologen. „In den vergangenen zehn Jahren wurde in unserem Lande eine ganze Armee von Spezialisten erzogen. Die Gesamtzahl der auf dem Gebiete der geologischen Forschung Tätigen erreicht gegenwärtig 400000. Zum gegenwärtigen Zeitpunkt besitzen wir drei große geologische Spezialinstitute[1]) und 25 Technika[2]). Außerdem sind an 22 Universitäten geologische Fakultäten eingerichtet worden. Die Gesamtzahl der Studenten an diesen Lehranstalten erreicht 36700. Das ist unsere Reserve.“

In den vergangenen 10 Jahren sind in China viele Millionen Quadratkilometer erstmalig geologisch untersucht worden. Die „weißen Flecken“ auf der geologischen Karte Chinas wurden bedeutend eingeschränkt. Im gleichen Zeitraum wurden 25 Millionen Meter gebohrt, wodurch neue Unterlagen über den Untergrund erhalten wurden.

Diese geologische Arbeit wurde durch bedeutende Entdeckungen mineralischer Rohstoffe gekrönt. China gehört heute schon zu den rohstoffreichsten Ländern der Welt. Während im alten China nur 19 Rohstoffarten bekannt waren und sicher nachgewiesene Vorräte für die Wirtschaft fast völlig fehlten, wurden in den letzten zehn Jahren Vorräte von 88 verschiedenen mineralischen Rohstoffen erkundet und berechnet. Gegenwärtig nimmt China hinsichtlich seiner Lagerstättenvorräte bei über 10 Mineralen einen der ersten Plätze in der Welt ein. (Bekanntlich konnten auch bedeutende Lagerstätten an Erdöl nachgewiesen werden.)

Gleichzeitig mit den geologischen Erkundungsarbeiten wurden entsprechende wissenschaftliche Forschungsarbeiten durchgeführt. Als Ergebnis dieser Arbeiten „wurde der Rückstand der geologischen Wissenschaft liquidiert, den das neue China als Erbe übernommen hatte“. „Die stratigraphischen Untersuchungen, die die Grundlage für die geologischen Forschungen schaffen, haben engste Verbindung zu den Erkundungsarbeiten und sind ein untrennbarer Teil der wissenschaftlichen Forschungstätigkeit auf dem Gebiete der Geologie. Vor der Befreiung des Landes dienten die stratigraphischen und die mit diesen verbundenen paläonto-

[1]) d. s. Technische Hochschulen in unserem Sinne
[2]) d. s. Ingenieurfachschulen

logischen Forschungen als Mittel zur Verschleierung der Herrschaft einer reaktionären Richtung in der Geologie. Die Geologen und Paläontologen des alten Chinas verzeichneten nur unbedeutende Erfolge, weil sie in ihrer Arbeit den kapitalistischen Weg beschritten (Durchführung von Forschungen um der Forschung willen, losgelöst von der Produktion und der Praxis). Die Stratigraphie und die mit ihr verbundene Paläontologie konnten nicht die notwendige Grundlage für ihre schnelle Entwicklung finden.

Die kluge Führung der Partei, die Erhöhung des politischen Bewußtseins der Geologen, die Veränderung der Richtung und Methodik der Arbeit, die Aneignung der neuesten sowjetischen Erfahrung und die Entfaltung der geologischen Kartierungs- und Sucharbeiten im großen Maßstabe — das alles führte dazu, daß viele der wichtigsten stratigraphischen Probleme Chinas gelöst wurden."

LI SY-GHUAN zählt auf dem Gebiete der Stratigraphie eine Reihe dieser Erfolge auf: Für bisher noch nicht untersuchte Gebiete wurden stratigraphische Schemata erarbeitet, für andere — bereits besser bekannte — ein vertieftes Studium der Stratigraphie durchgeführt. Die stratigraphische Gliederung und Korrelation ist bereits für viele Bezirke abgeschlossen. Über die Sedimente des Paläozoikums wurde eine einheitliche Auffassung erarbeitet, besonders für die marinen Serien des unteren Paläozoikums. Für die präkambrischen Sedimente ist ihre stratigraphische Folge erkannt. Die Erdöl-Erkundungsarbeiten trugen zu einer weitgehenden Klärung des Meso-Känozoikums bei. Es wurden Korrelations-Schemata der Stratigraphie der verschiedenen Systeme erarbeitet. Das komplexe Studium wird durch herausgegebene Atlanten der Leitfossilien unterstützt; sie liegen gegenwärtig für das ganze Land und einzelne Gebiete vor. Besonders gut wurden die Sedimente untersucht, an welche Lagerstätten des Erdöls, der Kohle, des Eisens, Aluminiums, Kupfers und Phosphors gebunden sind.

Die sich ausbreitende Anwendung der von den chinesischen Geologen ausgearbeiteten stratigraphischen Klassifikation und Terminologie gab auch den benachbarten Wissensgebieten der Stratigraphie (Paläozoologie und Paläobotanik) neuen Auftrieb und förderte ihre weitere Entwicklung.

Als bisherige Mängel der Arbeit stellt LI SY-GHUAN folgendes fest: Die Stratigraphie ist noch zu ungleich für die verschiedenen Landesteile erforscht; die bevorzugte Untersuchung der Sedimente ist der komplexen Untersuchung abträglich; die Beschreibung überwiegt noch zu sehr, die Paläogeographie und die Bildungsverhältnisse werden noch zu oft vernachlässigt.

Die Versammlung hatte die Aufgabe, die Korrelationstabellen für mehr als 10 Systeme zu diskutieren und über die Stratigraphie der Erdöl, Kohle, Eisen, Kupfer und Phosphor führenden Sedimente zu beraten. Außerdem stand eine „Stratigraphische Instruktion" zur Diskussion, und schließlich sollte ein stratigraphisches Komitee für China gebildet werden.

Sehr lehrreich ist der Arbeitsstil auf dem Gebiete der Geologie, den LI SY-GHUAN durch die von der Kommunistischen Partei herausgegebenen Losungen und Direktiven charakterisierte.

Die Realisierung der Losung: „Mit Geologie beschäftigt sich die ganze Partei und das ganze Volk", führte zur Unterstützung der geologischen Arbeit durch Millionen freiwilliger Helfer in allen Teilen des Landes, gab zahlreiche Hinweise auf bisher unbekannte Lagerstätten, half den „großen Sprung" auf geologischem Gebiet zu verwirklichen. Die Losung „Das ganze Land wie ein Schachbrett betrachten", d. h. die richtige Arbeitsverteilung und Koordination der Kräfte sichern, führte zur Einordnung aller Institutionen und aller Arbeitsrichtungen in die Arbeit bei der Lösung der gestellten ökonomischen und wissenschaftlichen Hauptaufgaben.

Die Losung: „Mögen hundert Schulen miteinander wetteifern", förderte den wissenschaftlichen Meinungsstreit und half den Druck der „Autoritäten" überwinden. Sie trug dazu bei, daß zu Fragen der Stratigraphie die Tektonik, Paläogeographie, Lithologie, Lehre über die Fazies, Geophysik und Geochemie herangezogen wurden und so die Lösung der Probleme beschleunigt wurde. Die Losung: „Auf zwei Beinen gehen", sicherte die gleichzeitige Entwicklung und Förderung der zentralen und örtlichen geologischen Institutionen.

Die Generallinie der Partei, 1958 formuliert: „Unter Aufbietung aller Kräfte vorwärts und den Sozialismus aufbauen nach dem Grundsatz: mehr, schneller, besser und ökonomischer", führte auf dem Gebiete der Geologie in der Volksrepublik China zu den „großen Erfolgen, welche im Laufe der letzten 10 Jahre erreicht worden sind". Wir deutschen Geologen beglückwünschen unsere chinesischen Kollegen dazu und sind mit ihnen davon überzeugt, daß sie in Zukunft noch schneller, besser und ökonomischer neue Erfolge erringen werden.

Lesesteine

Legende vom sowjetischen Erdöl-„Dumping"

Die „Neue Zürcher Zeitung" vom 9. 7. 1960 wendet sich sehr deutlich gegen die Verbreitung der Legende, die Sowjetunion beunruhige die imperialistischen Erdölmärkte.

„Obwohl die Sowjetunion ihre Ölexporte in den letzten Jahren in zunehmendem Maße ausdehnte, haben sie bisher noch kein gefährliches Ausmaß angenommen, und selbst die Berichte über angebliche sowjet-russische Preisunterbietungen, die in der jüngsten Vergangenheit herumgeboten wurden, erscheinen zumeist übertrieben . . . Gewiß, Sowjetöl wird in verschiedenen westlichen Ländern zwischen 10% und 20% unter den ‚posted prices' der westlichen Konzerne angeboten, aber man darf bei diesem Vergleich nicht übersehen, daß die wichtigsten westlichen Produzenten ähnlich große Abschläge an ihre Großkunden bewilligen. Bisher liegen auf jeden Fall keine Anzeichen dafür vor, daß russisches Öl zu Schleuderpreisen angeboten wird; im Gegenteil, aus den Lieferbedingungen, die bekannt geworden sind, läßt sich vielmehr der Schluß ziehen, daß die Sowjetbehörden die bestmöglichen Preise für ihre Öllieferungen herauszuholen versuchen."

„Parallel zur Produktion, die sich von $59^1/_4$ Mill. t im Jahr 1954 auf fast 130 Mill. t im Jahre 1959 hob, sind auch die Exporte der Sowjetunion scharf angestiegen. Sie bewegten sich nach offiziellen russischen Angaben im letzten Jahr um etwa 25 Mill. t, wovon rd. 8 Mill. t nach Osteuropa und annähernd 17 Mill. t nach der freien Welt geliefert wurden. Die Lieferungen nach der freien Welt schlossen reichlich $2^1/_2$ Mill. t nach dem Mittleren Osten (vornehmlich Ägypten) und reichlich 1 Mill. t nach Südamerika (Argentinien, Uruguay und Brasilien) ein."

„Im vergangenen Jahr entsprachen die Exporte nach der freien Welt nur etwa 4% der Weltexporte; aber da die Ölerzeugung der Sowjetunion in den letzten Jahren prozentual erheblich schneller gestiegen ist als in der freien Welt und dies auch in den nächsten Jahren weiterhin der Fall sein dürfte, mag sich dieser Anteil wesentlich erhöhen. Die Möglichkeit, daß sich die Sowjetexporte zu einem sehr bedeutenden Faktor am internationalen Ölmarkt entwickeln werden, ist somit offensichtlich, und da dieser Markt nach den gegenwärtigen Aussichten auf Jahre hinaus unter dem Druck von Überschüssen leiden dürfte, kann die Entfaltung der russischen Exporte zu einem ernsten Preiskampf Anlaß geben, der bisher trotz anderweitigen Hinweisen noch immer vermieden worden ist."

Die von kapitalistischer Seite verbreitete Legende vom „sowjetischen Dumping" ist nichts als ein altbekanntes Kampfmittel des Imperialismus, um einen unbequemen Kontrahenten zu diffamieren. Nicht nur mit Rohöl und Treibstoffen, auch mit Zinn, Diamanten, Eisenerz, Kohle, Koks und vielen anderen Rohstoffen sollen angeblich die Sowjetunion und die Volksdemokratien mit „unlauteren Mitteln" die so ehrenwerten Märkte der Finanzkapitalisten beunruhigen. Nun sind diese Märkte von Natur aus stets unruhig. Durch die kapitalistische Konkurrenz findet auf ihnen ein beständiger Kampf der Monopole gegen „Konkurrenten" statt. Wodurch schlägt man den Konkurrenten? Durch Preisunterbietung oder im diffamierenden Jargon ausgedrückt „durch Dumping". Das ist ein die kapitalistischen Märkte beherrschendes „heiliges" Gesetz, ohne das sie überhaupt nicht existenzfähig wären.

Es ist deshalb ein besonderes Verdienst der Schweizer „Neuen Zürcher Zeitung", daß sie offen, klar und eindeutig die Legende vom „sowjetischen Dumping" auf den internationalen Ölmärkten zerpflückt und als das aufgezeigt hat, was sie in Wirklichkeit ist: eines der üblichen imperialistischen Märchen, um kurzsichtige Menschen gegen die Sowjetunion einzunehmen. E.

Staudämme und Staudammprojekte

Der Bau des Assuan-Staudammes hat in der westdeutschen Presse interessante Kommentare hervorgerufen, die etwa folgendes ergeben:

Der durch sowjetische Fachleute gebaute Assuan-Staudamm hat die längste Staumauer der Welt, die ca. 5 km lang werden wird. Sein Hochdamm wird etwa 110 m Maximalhöhe erreichen.

Aus gebirgigen Gegenden sind höhere Dämme bekannt. Bis 1958 besaß der 1936 vollendete Boulder-Damm (Hoover-Damm) am Colorado-Fluß mit 220 m die größte Höhe. 1958 erreichte der im Schweizer Kanton Wallis erbaute Mauvoisan-Damm 240 m Maximalhöhe. Aber bereits im laufenden Jahr wird der Vaiont-Damm, der eine Schlucht des Piave-Flusses in Norditalien absperren wird, 275 m hoch werden.

Der durch den Assuan-Staudamm geschaffene Stausee wird sich 500 km weit hinziehen und so den 180 km langen Stausee des Boulder-Dammes um mehr als das dreifache Fassungsvermögen übertreffen. Mit 135 Mill. km³ Wasser und einer Oberfläche von ca. 4000 km² wird das Assuanmeer etwa achtmal so groß werden wie der Bodensee.

Der größte Stausee der Welt ist bei der sibirischen Stadt Bratsk (Baikalsee) im Entstehen. Nach Angaben von N. A. HARRIMAN, der im Juni 1959 die sowjetischen Bauten besichtigte, wird der künstliche Angarasee 563 km lang werden und ein Fassungsvermögen von 185 km³ haben. Die Leistung des Angara-Dammes wird durch 20 Generatoren von je 225000 kW 4,5 Mill. kW erreichen. Der von den Engländern in Rhodesien am Sambesifluß mit einer Höhe von 130 m im Juni 1959 fertiggestellte Kariba-Damm wird um ein Viertel mehr Wasser fassen als der Assuan-Stausee.

Der weitaus größte Dammbau entsteht in Volkschina. 50 sowjetische Ingenieure sind mit Hilfe einer großen Anzahl chinesischer Techniker und Arbeiter dabei, in der Ichang-Schlucht des Jangtse-Flusses das größte Wasserkraftwerk der Welt zu errichten. Nach Angaben amerikanischer Spezialisten, die Unterlagen in der Sowjetunion einsehen konnten, wird der Damm zwölfmal so groß werden wie der Grand Coulee im Staate Washington und sechsmal so groß wie der sibirische Damm bei Bratsk. Das Kraftwerk der Ichang-Schlucht ist für eine Gesamtleistung von 25 Mill. kW vorgesehen. Der kleinste Generator weist eine Leistung von 500000 kW auf.

Diesen Kommentaren der westdeutschen Presse ist nichts hinzuzufügen. Die Überlegenheit der sozialistischen Wirtschaft tritt in den gewaltigen Dammbauten von Assuan, Bratsk und Ichang klar in Erscheinung, wobei besonders die uneigennützige Hilfe hervortritt, die sowjetische Fachleute den Arbeitern und Technikern in Nordafrika und China leisten. E.

Überkapazität der kapitalistischen Mineralölindustrie

A. MICHAELIS, New York, gibt in der „Frankfurter Allgemeinen Zeitung" vom 7. 5. 1960 seiner Besorgnis darüber Ausdruck, daß die Stabilität des internationalen Erdölmarktes durch die zunehmende Überkapazität der Erdölraffinerien in Mitleidenschaft gezogen werden könnte. In allen Ländern, sowohl in den industriellen als auch in den im Aufbau begriffenen, werden eigene Raffinerien gebaut. Bisher haben die Erdölkonzerne den internationalen Markt dadurch beherrscht, daß sie nicht mehr Rohöl erschlossen und förderten, als für die Nachfrage notwendig war. Aus Angst vor den Außenseitern halten es die Konzerne zur Wahrung ihrer marktbeherrschenden Stellung jetzt für erforderlich, möglichst an jedem Raffinierungsprojekt beteiligt zu sein, und zwar unabhängig davon, ob es zur Zeit rentabel ist oder nicht. Die Chase-Manhattan-Bank hat daher zur Abschwächung der Überproduktion den Konzernen vorgeschlagen, die Rohölproduktion in den USA sofort um 6—7% zu senken und die Ausnutzung ihrer Raffineriekapazitäten von etwa 83% auf 76% herabzusetzen.

Die Folgen, die sich für Westeuropa aus der drohenden Überproduktion an Rohöl und Mineralölen ergeben, schildert MICHAELIS folgendermaßen:

„Die westeuropäischen Verhältnisse werden noch besonders dadurch kompliziert, daß sich die internationale Konkurrenz durch die amerikanischen Importrestriktionen erst recht auf den europäischen Markt konzentriert. Abgesehen von der Konkurrenz, die sich die Raffinerien der verschiedenen westeuropäischen Länder untereinander bereiten, sucht das Sahara- und sonstige Außenseiteröl vor allem in Westeuropa Absatz. Dazu kommt die sowjetische Ölkonkurrenz, die sich mit der Fertigstellung der Ölleitung zur baltischen Küste verstärken wird. Die Errichtung von Raffinerien in der Türkei, Syrien, Jordanien, Sudan, Libyen, Tunis und Marokko — um nur die südlichen Mittelmeerländer zu erwähnen — schränkt den Markt für Raffinerieprodukte empfindlich ein. Ägypten, Israel und die ölproduzierenden Länder des Mittleren Ostens raffinieren ihren Mineralölbedarf seit langem selbst. Besonders der westeuropäische Markt ist der Gefahr ausgesetzt, in den nächsten Jahren von innen und außen in einer Weise mit Mineralölprodukten überschwemmt zu werden, die dem Erdöl selbst und der Kohle das Leben schwer machen dürfte." E.

Besprechungen und Referate

WELLER, J. M.

Stratigraphic Principles and Practice

Harper & Brothers, New York 1960

Das 725 S. und 273 Abb. umfassende Werk wurde von dem bekannten Chefredakteur des „Journal of Paleontology" und Leiter der Abteilung Stratigraphie und Paläontologie des Geologischen Dienstes von Illinois herausgegeben. Der Autor steht auf dem Standpunkt, daß die „Stratigraphie das unentbehrliche Herz- und Kernstück der Geologie" ist und hat entsprechend das in seinen Vorlesungen an der Universität von Chicago gebrachte Material zusammengefaßt. Großer Wert wird u. a. auf die Klassifikation der Sedimente und Gesteine, auf Texturen und Strukturen, Paläoökologie, stratigraphische Nomenklatur, Faziesbildung, Korrelation und alle anderen, irgendwie mit der Stratigraphie zusammenhängenden Probleme gelegt. Kurz wird die Kartierungsarbeit im Gelände und die Herstellung geologischer Karten gestreift. Am besten zeigt das beigegebene, bereits 1947 von dem Autor veröffentlichte Diagramm seine Stellungnahme zu dem Grundproblem der Stratigraphie.

Beachtenswert für unsere Leser ist, daß in dem Werk vorwiegend Material aus den USA verwendet wurde, das bei uns z. T. nicht allgemein bekannt ist. Deshalb beschränken sich auch die jedem Abschnitt beigegebenen Literaturverzeichnisse fast nur auf amerikanische Literatur. Für den, der irgendwelches, den nordamerikanischen Kontinent betreffendes stratigraphisches Material sucht, stellt das Buch WELLERS jedenfalls ein ausgezeichnetes Nachschlagewerk dar. E.

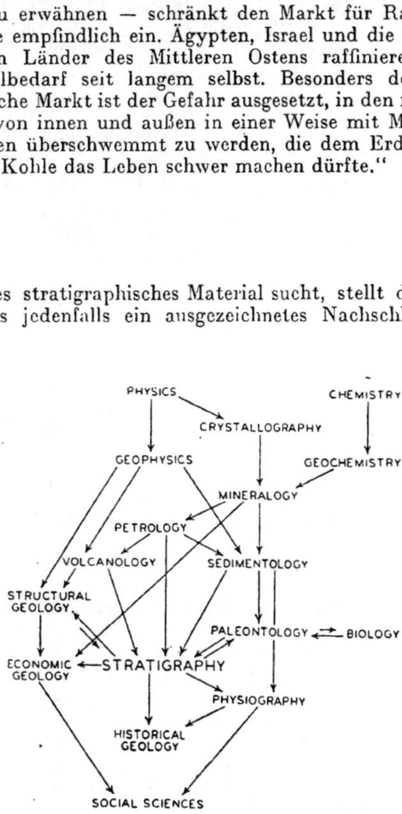

Diagramm über die Beziehungen zwischen Stratigraphie und den ihr verwandten wissenschaftlichen Zweigen

Zeschke, G.

Erzprospektion mit der UV-Lampe

Z. „Erzbergbau u. Metallhüttenwesen", Bd. XIII (1960), H. 5, S. 228–232

Unter bestimmten Voraussetzungen fluoreszieren etwa 80–100 Minerale in kurzwelligem ultraviolettem Licht, von denen etwa 20 für den Geologen und Prospektor wichtig sind. Diese Tatsache ist beim Aufsuchen bestimmter Lagerstätten von großer Bedeutung, weil mit Hilfe geeigneter UV-Lampen sehr schnell relativ kleine Mengen von fluoreszierenden Mineralen, die für einen bestimmten Lagerstättentypus charakteristisch sind, aufgespürt und zur Klärung der betreffenden Lagerstättenposition herangezogen werden können.

Verf. beschreibt zwei UV-Lampen (USA-Produktion), die billig sind (eine davon ca. 65 $) und infolge ihrer arbeitstechnisch vorteilhaften Eigenschaften dem prospektierenden Feldgeologen als Arbeitsgerät dienen können.

Eine Tabelle gibt über die Farbeffekte der wichtigen und weniger wichtigen fluoreszierenden Minerale Auskunft. Darüber hinaus finden sich wichtige Hinweise für die praktische Arbeit, indem zur Vermeidung von Fehldeutungen einige Regeln für das Erkennen bzw. die Deutung des sichtbaren Farbeffekts aufgestellt werden.

Zwei ausführlicher beschriebene Beispiele sowie mehrere angedeutete Anwendungsmöglichkeiten weisen auf den Erfolg dieser Arbeitsmethode hin:

Im Einzugsgebiet des Indus (Mittelasien) wurden Schwersande auf Scheelit untersucht und durch systematische Erkundung entlang den Flußläufen der Weg zu einer Wolframerzlagerstätte erkundet.

Mit Hilfe des fluoreszierenden Hydrozinkits, eines Umwandlungsproduktes der Zinkblende, konnte der Gangverlauf von Flußspatgängen im Südschwarzwald, in den südlichen Pyrenäen und am Derbyshire festgelegt werden.

Als weitere erfolgreiche Anwendungsgebiete werden genannt: Entdeckung eines willemitführenden Vorkommens in Arizona und einer Wolframlagerstätte in Kanada; Erkundung von Beryll-, Zirkon-, Rubin- und Diamantvorkommen. Neben den schon lange bekannten Möglichkeiten, auf diese Weise Erdöl aufzufinden, ferner Horizontierungsbestimmungen an Kohlenflözen vorzunehmen, genetische Hinweise bei der Untersuchung von differenzierten Flußspat- und vererzten Karbonatlagerstätten zu gewinnen, kann die Fluoreszenzmethode auch zur Überprüfung von Lötrohrergebnissen herangezogen werden. S. Diener

Pedersen, H.

Zementationen unter besonderer Berücksichtigung der Bohrlochhydraulik

„Erdölzeitschrift", Jg. 76, H. 3, S. 63–68 (1960)

Ausgehend von den Druckverhältnissen im Bohrloch erläutert der Verfasser die Gefahren, die beim Einbauen der Rohre durch die damit verbundene Drucksteigerung entstehen und im Falle des Überschreitens der Gebirgsfestigkeit den Erfolg der nachfolgenden Zementation in Frage stellen.

Der mögliche Druckbereich in einem Bohrloch bewegt sich zwischen zwei Grenzen: 1. muß ein minimaler hydrostatischer Druck durch entsprechende Schwere der Spülung gewährleistet sein, da anderenfalls Nachfall und Eindringen von Gebirgsflüssigkeit in das Bohrloch auftritt; 2. darf der Druck im Bohrloch nicht so weit ansteigen, daß die Gebirgsfestigkeit überschritten und das Gebirge aufgebrochen wird.

Einmal bereitet es Schwierigkeiten, Risse in kurzer Zeit wieder zu schließen, zum anderen ist die Gebirgsfestigkeit nach dem Brechen geringer.

An Hand von Diagrammen werden die Vorgänge im Bohrloch vom Einbauen der Rohrtour bis zur fertiggestellten Zementierung detailliert verfolgt (siehe Abb.).

Das Auftreten von Druckstößen beim Einbau der Rohre wird erklärt durch: die Zunahme des von der Flüssigkeit zurückzulegenden Weges und die zunehmende Einbaugeschwindigkeit (prozentualer Anteil der Reibkräfte geht zurück).

Es wird in einem Diagramm der normale Verlauf von Rohreinbau und Zementage gezeigt, und in einem anderen werden die veränderten Bedingungen erläutert, die bei einem durch die Druckstöße aufgebrochenen Gebirge entstehen.

Anschließend werden fünf verschiedene Möglichkeiten gezeigt, mit denen diese Druckstöße beim Rohreinbau vermieden oder zumindest vermindert werden können. Durch konstruktive Maßnahmen wird ein rasches Einströmen der Spülflüssigkeit in die Rohre bezweckt, gleichgültig, ob die Flüssigkeit von unten oder seitlich eintritt.

Abschließend wird auf die Gefahr der Verstopfung des Ringraumes mit Filterkuchen durch unsachgemäßes Einbauen von Zentralisatoren und Kratzern hingewiesen. So muß der volle wirksame Zentrierdurchmesser für die Zentrierstrecke beibehalten werden. Die Kratzer sind so zu konstruieren, daß sie sich beim Einbau glatt an die Rohrwandungen anlegen und nur beim Hochfahren spreizen und die Tonkruste entfernen. Jokscii

Peterson, G. & R. Wöhlbier

Gas und Luft als Bohrspülung beim Rotarybohren

„Industriekurier", 13. Jg. (1960), Nr. 87, vom 8. 6. 1960

In den USA werden seit einigen Jahren Gas und Luft als Spülungsmedien mit gutem Erfolg verwendet.

Die Vorteile einer solchen Spülung liegen in höheren Meißelstandzeiten und höheren mechanischen Bohrfortschritten, geringeren Spülungsverlusten in klüftigen Formationen, einer besseren Erkennbarkeit von erdöl- oder erdgasführenden Schichten geringen Druckes und nicht zuletzt darin, daß ein Verschlämmen der Erdöl- und Erdgaslagerstätten verhindert wird.

Ein Vergleich zweier Bohrungen zeigt folgendes:

Bohrung mit	Bohrtage	Teufe m		Daten unterhalb der Verrohrung			
		Bohrloch	Verrohrung	reine Bohrzeit h	Bohrfortschritt m/h	Meißelstandzeit m	Meißelverbrauch Stück
Dickspülung	108	3250	500	1198	2,25	20,7	126
Erdgasspülung	50	3200	550	224	11,90	126,0	21

Die hohen Bohrfortschritte und Meißelstandzeiten werden dadurch erklärt, daß beim Austritt der Luft- oder Gasspülung aus den Meißeldüsen eine starke Expansion erfolgt, wobei das Bohrklein sofort von der Bohrlochsohle gerissen wird, während bei Anwendung einer Tonspülung das Bohrklein so lange auf der Bohrlochsohle zurückgehalten wird, bis ein Druckausgleich zwischen dem hydrostatischen Druck der Spülungssäule und dem Vakuum des vom losgebrochenen Gestein gebildeten Porenvolumens stattfindet. Dieser sich

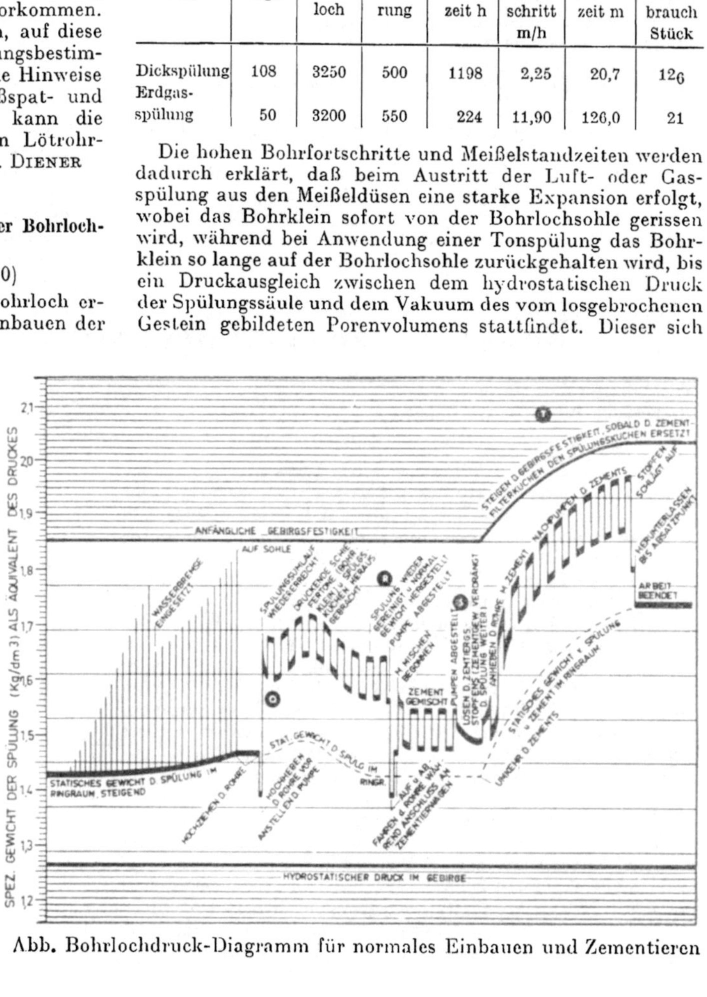

Abb. Bohrlochdruck-Diagramm für normales Einbauen und Zementieren

ständig wiederholende Vorgang dauert so lange, bis das Porenvolumen durch die Spülung ausgefüllt wird.

Schwierigkeiten entstehen bei starken Wasserzuflüssen und bei Lagerstätten hohen Drucks. Leichte und mittlere Zuflüsse können durch eigens dafür entwickelte Chemikalien gebunden werden.

Kostenuntersuchungen ergaben, daß die Bohrungen mit Luft- und Gasspülung, trotz der zusätzlichen Installation an Kompressoren und Bohrausrüstungen, den Bohrungen mit Tonspülung infolge der besseren Bohrfortschritte und längeren Meißelstandzeiten in den meisten Fällen überlegen waren.

Allerdings werden die Kosten bei Verwendung von Chemikalien zur Abdichtung von Wasserzuflüssen wesentlich erhöht.

BAER

MAUCHER, A. & G. REHWALD

Bildkartei der Erzmikroskopie

Im Herbst 1959 wurde von Prof. Dr.-Ing. A. MAUCHER (München) und Dipl.-Ing. G. REHWALD (Bad Ems) im Umschauverlag Frankfurt a. Main die Herausgabe einer Bildkartei der Erzmikroskopie begonnen. Diese Bildkartei stellt ein Sammelwerk dar, das in vergleichbarer Form bisher in keinem Land der Erde erscheint. Sie bietet aus Schliffen höchster Oberflächengüte in Bild und Wort eine umfassende Darstellung aller erzmikroskopischen Erscheinungen der typischen Erzmineralien der ganzen Welt und erläutert sie.

Das mikroskopische Studium polierter Anschliffe hat in den letzten 40 Jahren immer mehr an Bedeutung gewonnen. Für die wissenschaftliche Lagerstättenforschung sowie für technische Probleme des Bergbaus, der Aufbereitung und Verhüttung hat die Erzmikroskopie große Bedeutung erlangt. Es fehlte jedoch bisher eine Zusammenfassung aller Einzelerscheinungen.

Die Bildkartei ersetzt durch die ausgezeichnete Wiedergabe einwandfreier Schliffe von typischen Erzen eine Sammlung von Vergleichsschliffen — allerdings bleibt sie auch nur ein Ersatz, da sie keine Messung optischer Daten zuläßt. Die Vorteile einer derartigen Sammlung von Schliffbildern überwiegen jedoch weit; es sind dies vor allem: Ausschaltung subjektiver Beobachtungsfehler, lange Haltbarkeit, stete Griffbereitschaft und leichte Ergänzbarkeit.

Die Kartei wird folgenden Gesamtaufbau haben:

1. Allgemeiner Teil
Hier sollen allgemeine Erscheinungen am Anschliff (z. B. Mängel durch die Wahl des Probenmaterials, durch Herstellung des Schliffes, durch Lagerung und nachträgliche Veränderungen), am Einzelmineral (z. B. die mechanischen und optischen Eigenschaften) und am Mineralaggregat dargestellt werden.

2. Systematischer Teil
Hier wird eine spezielle Charakteristik der Erzmineralien nach der Gliederung von J. D. DANA & E. S. SALISBURY gegeben, außerdem werden die erzmikroskopischen Charakteristiken typischer Paragenesen und typischer Lagerstätten gegeben.

3. Erzmikroskopie in der Technik
Hier sollen aufbereitungs- und hüttentechnische Probleme dargestellt werden.

Voraussichtlich wird der Gesamtumfang über 1000 Bildkarten (Format Din A 4) erreichen. Die Herausgabe des gesamten Werkes wird sich über mehrere Jahre erstrecken. Der Verlag wird vierteljährlich etwa 100 Bildblätter und die dazugehörigen Textblätter ausliefern.

Die Kartei, die zumindest in ihren Bildbezeichnungen fünfsprachig (englisch, französisch, spanisch, russisch, deutsch) abgefaßt wird, ist nicht nur für die Praxis, sondern auch für das Selbststudium und die Ausbildung der Studenten bestens geeignet. Sie kann laufend ergänzt, erweitert und dem jeweilig neuesten Stand angepaßt werden.

H. ULBRICH

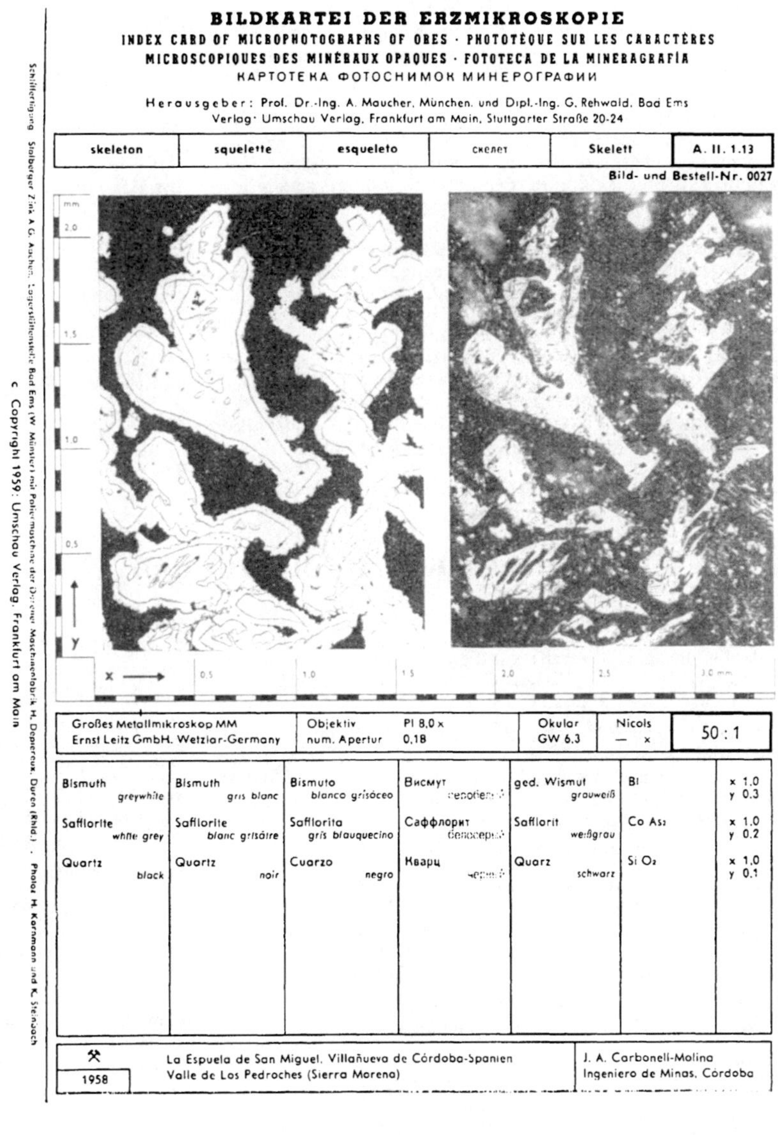

ÉTIENNE, J. & J. G. DURANT

Contribution du laboratoire de la Compagnie d'Exploration Pétrolière à la mise au point de techniques sédimentologiques

Revue de l'Institut Français de Pétrole, Bd. XV (1960), Nr. 4, S. 655—679

Die zweiteilige Arbeit behandelt die Technik, die zur Herstellung besserer und unbeschädigter Dünnschliffe von Sedimentgesteinen zum Studium der Porosität angewendet wurde. Die Probe wird mit einem gefärbten synthetischen Harz getränkt und nach dessen Erhärtung geschliffen. Auf diese Weise bleiben auch die feinsten Poren erhalten und sind leicht sichtbar. Im zweiten Teil der Arbeit wird ein Ersatz für Kanadabalsam, ein polymerisierbares synthetisches Harz, das einfach anwendbar ist, beschrieben.

MEINHOLD

Fiebig, H.

Der neue Richtschichtenschnitt für die Essener (Gaskohlen-) Schichten im niederrheinisch-westfälischen Steinkohlengebiet

„Glückauf", Jg. 96 (1960), H. 1, S. 30–42

Die Neuaufnahme der Richtschichtenschnitte im niederrheinisch-westfälischen Steinkohlengebiet, die die Grundlage für die Einheitsbezeichnung der Flöze darstellen, wurde mit dem Richtschichtenschnitt für die Essener Schichten (Westfal B) fortgesetzt. Da sich der Schwerpunkt des Abbaus in Zukunft allmählich nach Norden verlagern wird, schien für den neuen Richtschichtenschnitt ein Aufschluß im nördlichen Ruhrgebiet zweckmäßig. Der Schnitt sollte so liegen, daß sich alle übrigen Schnitte der Essener Schichten in westlicher und östlicher Richtung ohne Schwierigkeiten anknüpfen ließen. Dieser Aufschluß ist auf der 3. (600-m-) Sohle im 2. Abteilungsquerschlag nach Norden der Zeche Westerhold am Südflügel der tektonisch nur wenig beanspruchten Lippe-Mulde gefunden worden, wo auf einer Länge von 680 m die Schichtenfolge der Essener Schichten in einer Gesamtmächtigkeit von rund 430 m in nahezu ungestörter Lagerung aufgeschlossen ist. Der Querschlag bleibt voraussichtlich mehr als 30 Jahre in Betrieb und bietet die beste Möglichkeit für vergleichende Untersuchungen, die durch neue Verfahren und spätere Vergleiche in Zukunft notwendig werden können.

Um den aufgenommenen Schichtenschnitt zum Richtschichtenschnitt zu erheben, mußte man mit größter Sorgfalt an das Normalprofil von Oberste-Brink & Bärtling anknüpfen; denn der neue Schnitt von Westerhold kann nur als Richtschichtenschnitt für die Essener Schichten gelten, wenn die Flözgleichstellung zwischen den einzelnen dazwischenliegenden Schachtanlagen völlig sicher ist. Diese Aufgabe war deshalb nicht leicht, weil größere Gebiete querschlägig über mehrere Falten hinweg miteinander verbunden werden mußten und die Oberen Essener Schichten im Gegensatz zu den Unteren und Mittleren kaum regional verfolgbare Leithorizonte und Erkennungsmerkmale aufweisen.

Als Ergebnis der Untersuchungen lassen sich neben den marinen Horizonten an der unteren und oberen Grenze der Essener Schichten die Kaolin-Tonsteine in den Flözen Zollverein 2, 3 und 8, die in den letzten Jahren schon auf mehreren Anlagen des Ruhrgebietes gefunden worden sind, nachweisen. Für vergleichende Untersuchungen werden vor allem bestimmte Anthracosien- und Naiaditen-Arten zu beachten sein. Eine Überraschung bedeutet das Auffinden von Foraminiferen durch Michelau & Tasch im Hangenden der Flöze Zollverein 1, Flöz A, D 1 und H 2. Während das Lingula- (Domina-) Niveau über Flöz L eine reiche Fauna lieferte, sind marine Fossilien über dem Flöz „Katharina" nicht gefunden worden. Es hat sich weiter gezeigt, daß man zumindest für ein kleineres Gebiet durch die Bearbeitung der Mikroflora, die sich aus den schwächer inkohlten Flözen gewinnen läßt, Fragen der Identifizierung lösen kann.

Dressel

Neuerscheinungen und Literaturhinweise

Autoren-Kollektiv
Materialien zur Stratigraphie und Petrographie Kasachstans (Arbeiten des Instituts für Geologie, Bd. III)
Isd-wo AN Kas. SSR, 1960. – 208 S.

Autoren-Kollektiv
Geologie der tertiären und mesozoischen Ablagerungen des nördlichen Kaukasus und des Vorkaukasus
Gostoptechisdat, Moskau 1960. – 288 S.

Akramchodshajew, A. M. & A. G. Babajew
Die Paläogeographie Usbekistans in der Kreideperiode
Isd-wo AN Usb. SSR, 1960, – 160 S.

Pokorny, L. & V. Zemánek
Das Aufsuchen verborgener Magnetitlagerstätten in den Skarnen des Erzgebirges
CSAV, 64 S.

Dantschew, W. I. u. a.
Über die Uranvererzung in den sedimentären Karbonatgesteinen
Geol. rudn. Mestoroshd., H. 6, 1959, S. 27–38

Pelymski, G. A.
Über den Einfluß des Nebengesteins auf die Erzablagerungsprozesse in den hydrothermalen Uranlagerstätten
Geol. rudn. Mestoroshd., H. 6, 1959, S. 39–51

Webber, B. N.
Bauxitization in the Pocos de Caldas district, Brazil
„Min. Engng.", Jg. 11 (1959), Nr. 8, S. 805–809

Kalinin, S. K. u. a.
Anwendung des Diffraktionsspektrographen DFS 13 (3) zur Analyse mineralischer Rohstoffe
Isd-wo AN Kas. SSR, 1960. – 32 S.

Herausgegeben von W. J. Smirnow
Die Berechnung der Vorräte von Minerallagerstätten
Gosgeoltechisdat, Moskau 1960. – 1040 S.

Berchman, L. I.
Neue Bohrausrüstung
Gostoptechisdat, Moskau 1960. – 240 S.

Woods, J. & A. Dubinski
Die Bohrlochkrümmung beim Niederbringen von Bohrungen
Gostoptechisdat, Moskau 1960. – 144 S.

Ilski, A. L.
Was muß ein Bohrarbeiter von Bohrmeißeln wissen?
Gostoptechisdat, Moskau 1960. – 64 S.

Nachrichten und Informationen

China, ein potentielles Bergbauland

Unter dieser Überschrift veröffentlicht die „Montanrundschau" (1960) H. 6, Wissenswertes über die Bodenschätze der Volksrepublik China.

Erdöl: Knapp 30% des chinesischen Festlandes weisen gas- und ölführende Horizonte auf. Die Mächtigkeit der höffigen Schichten beträgt bis zu 2000 m. Hervorzuhebende Gebiete sind im nordwestlichen China: Szech-wan-Bassin, Tsai-dam, Dyn-chuan, Tur-fan und Si-kiang.

Eisen: Eisenvorräte geschätzt: > 100 Mrd. t

Eisenvorräte nachgewiesen:	6 Mrd. t
Metallgehalte:	> 47%
Auftreten:	in präkambrischen Schichten
Förderung 1959:	20 Mill. t

Kupfer, Wolfram, Blei, Zink und Molybdän:
Vorkommen: Hu-nan, Kinang-si, Kuang-tung

Antimon:
Vorkommen: Yun-nan, Metallgehalt: >25%

Kupfer:
Vorkommen: SW-China, Metallgehalt: 1,8%

Kobalt, Nickel:
Vorkommen: Mongolei und Yun-nan, Metallgehalt: um 0,8%

Mangan:
Förderung 1959: 550 T/t, Metallgehalt: 22% Mn

Kohle:
Vorräte: 1500 Mrd. t, Förderung 1959: >350 Mill. t, abgeteufte Schächte 1959: ca. 180

Klarner

Leninpreise für Erdgasforschung

Nach einer in der „Prawda" vom 22. 4. 1960 erschienenen Zusammenfassung von A. N. Nesmejanow entfielen bei der diesjährigen Verleihung die Leninpreise für geologische Forschungsarbeiten auf den Erdgassektor:

„Für die Entdeckung und Erschürfung des Erdgasvorkommens von Gasli in Usbekistan erhielten A. A. Bakirow, P. N. Jenikejew, S. I. Iljin, J. W. Kudrjaschow, L. G. Shukowski, K. A. Sotiriadi und W. I. Tschernow einen Leninpreis.

Die Entdeckung des Erdgasvorkommens von Gasli ist von großer volkswirtschaftlicher Bedeutung. Sie verändert grundlegend die Brennstoff- und Energiebilanz unseres Landes und trägt dazu bei, nicht nur die Republiken Mittelasiens, sondern auch das große Industriezentrum im südlichen und mittleren Ural mit Erdgas zu versorgen. Die Erschließung des Erdgasvorkommens von Gasli ermöglicht den Aufbau eines neuen leistungsfähigen Schwerpunktes der chemischen Industrie.

Sehr wertvolle Ergebnisse wurden im Hüttenwesen von den sowjetischen Ingenieuren erzielt, die Erdgas bei der Roheisengewinnung in Hochöfen verwenden. Die Anwendung von Gas in diesem Zweig des Hüttenwesens ist ein neuartiges Verfahren, das von sowjetischen Hüttenwerkern vorgeschlagen und mit gutem Erfolg in die Betriebspraxis übernommen wurde. Das Erdgas steigert das Reduziervermögen der Gichtgase, trägt zu einer wesentlichen Erhöhung der Windtemperatur bei und ermöglicht es, den Koksverbrauch einzuschränken, die Leistungsfähigkeit der Öfen zu erhöhen und die Kosten der Roheisengewinnung zu senken. Die Verwendung von Erdgas in der Hüttenindustrie bringt, im ganzen gesehen, einen großen wirtschaftlichen Nutzen.

Für diesen großen Erfolg wurden I. I. Korobow, W. I. Surowow, S. I. Nekrassow, N. I. Krassawzew, G. G. Oreschkin. A. N. Tschetschuro, L. D. Jupko, B. L. Tawrog, I. M. Jektow und G. A. Panew mit einem Leninpreis geehrt." E.

Erdöl/Erdgas

Erdölgas für Salzgitter

Durch eine 23 km lange 4"-Fernleitung wird Erdölgas aus dem Ölfeld Meerdorf nach Salzgitter transportiert. Gegenwärtig werden dort täglich etwa 10000 m³ Erdölgas verbraucht, das mit Gichtgas aus dem Hüttenwerk Salzgitter gemischt und so dem Leitungsnetz zugeführt wird.

Eine zweite 28 km lange Fernleitung ist vom Ölfeld Mölme im Bau. Nach ihrer Fertigstellung soll der Verbrauch von Erdölgas in Salzgitter auf 30000 m³ pro Tag gesteigert werden. E.

Kondensatfeld Hohenfelde

Über die Zukunftsaussichten des großen Kondensatfeldes zwischen Schönberg und Hohenfelde ist wenig zu erfahren. ,,Erdöl und Kohle" 1960, S. 224, teilt kurz mit:

,,Ein bemerkenswertes Zwischenergebnis ist von der im Jahre 1958 östlich von Kiel auf den Plattendolomit und Hauptdolomit bzw. die Zechsteinbasis angesetzten Bohrung Plön-Schönberg Z 1 zu berichten. Ein auf beobachtete Gasanzeichen des Plattendolomites durchgeführter Produktionsversuch erbrachte nur schwachen Laugenzufluß mit geringen Gasspuren. Beim Anbohren des Hauptdolomites, der im oberen Teil — der untere ist bei der Endteufe von 4227 m nicht durchbohrt — in der stinkdolomitischen Fazies entwickelt ist, ereignete sich ein Gasausbruch. Eine Vertiefung der Bohrung wurde durch ungewöhnlich hohe Drücke (bis 1000 atü) verhindert. Die Produktionsversuche haben bisher 42 m³ Salzwasser, 16 m³ Naturbenzin und 77000 Nm³ Gas geliefert. Nach Beseitigung undichter Stellen in der Verrohrung hofft man auf die Förderung laugenfreien Gases. Das Gas enthält 77 bis 80% N_2. Den Rest bilden Methan und höhere Kohlenwasserstoffe. Die Produktionsversuche waren am Ende des Jahres noch nicht abgeschlossen."

E.

Erdöl in Sibirien

Industrielles Erdöl ist durch den Betrieb für geologische Erkundung in Schaim an der Mündung des Flusses Mulymi in den Fluß Konda erbohrt worden. Die große Bedeutung dieser Entdeckung besteht darin, daß es sich hier um den ersten industriellen Zufluß von Erdöl in Sibirien handelt. Nach vorläufigen Berechnungen gibt die Bohrung Nr. 6, die inzwischen erfolgreich getestet wurde, einen Zufluß von 350 tato bei freier Förderung. Das Erdöl von Schaim ist schwefelarm und von hoher Qualität. Die Erdölraffinerien von Omsk und andere können bald mit billigerem, örtlichem Rohstoff versorgt werden. N. Wegert

Herstellung von Methan und Petrochemikalien in Lacq

Dem Sonderheft ,,Frankreich" der DIM-Länderinformationen (Februar 1960) entnahmen wir über die Entwicklung der Erdgasverarbeitung in Lacq, Südwestfrankreich: Im April 1957 wurde die erste kleine Reinigungsanlage in Betrieb genommen. Seitdem wurde die Raffineriekapazität auf 5 Mill. m³ täglich gesteigert. Anfang 1961 wird die Gasraffinerie von Lacq ihre endgültige Leistungsfähigkeit von 20 Mill. m³ Rohgas pro Tag erreicht haben. Damit stellt sie die größte Erdgasraffinerie Westeuropas dar. Von den ab 1961 täglich verfügbaren 14,3 Mill. m³ Methan sollen 6 Mill. m³ nach Südwestfrankreich, 1,3 Mill. m³ nach Westfrankreich, 3,5 Mill m³ nach Mittel- und Ostfrankreich und 3,5 Mill. m³ nach dem Pariser Industriegebiet geleitet werden. Außerdem werden jährlich 130000 t Propan, 260000 t Butan und 1,4 Mill. t Reinschwefel anfallen. Der Schwefel, der einen Reinheitsgrad von fast 100% besitzt, wird bereits nach Belgien, Holland und der Schweiz exportiert. Durch den Bau von Aluminiumwerken in der Umgebung von Lacq wird ab 1961 die französische Aluminiumproduktion um etwa 50% vergrößert. Großanlagen zur Gewinnung von Azetylen und Ammoniak werden neu gebaut, die Stickstoffwerke in Toulouse erweitert.

E.

Ölfeld Hassi Messaoud

Einem Beitrag in ,,Erdöl und Kohle", Jg. 13 (1960), S. 357—359 über das Ölfeld Hassi Messaoud (algerische Sahara) zufolge, lehnt sich das Feld an eine durch Refraktionsseismik ermittelte eliptische NNE—SSW verlaufende Struktur an. Bei einer durch Bohrungen nachgewiesenen N—S-Erstreckung von rd. 50 km und einer W—E-Erstreckung von rd. 40 km beträgt die Gesamtfläche des Feldes etwa 2000 km². Als geologisches Normalprofil wird angegeben:

0—250 m	Tertiär (Mio-Pliozän) mit Sand und Kies (hierin häufig Spülungsverluste) und Süßwasserhorizonten mäßiger Ergiebigkeit
bis 1050 m	Oberkreide mit vorwiegend Kalksteinen, in etwa 600 m Teufe mit kleinen Salzeinschaltungen
bis 1850 m	Unterkreide mit marinem Alb (etwa 200 m mächtig) mit artesischem Süßwasser und marinem Apt, darunter mit kontinentalen Ablagerungen, vorwiegend Sanden
bis 2700 m	Jura mit Wechsel von Mergeln, Tonen, Dolomiten, Kalksteinen und stellenweise Anhydrit. Im Lias (bei ca. 2600 m) ein Salzwasserhorizont mit geringen Gasspuren
bis 3150 m	salzführende Trias mit Wechsel von Anhydrit und Salz, hierin ein kompaktes Salzlager von etwa 220 m Mächtigkeit
bis 3300 m	tonig sandige Trias mit Anhydriteinschaltungen
bis 3700 m	Kambrium mit einem bis 50 m mächtigen kompakten Quarzit (Horizont Q) am Kopf
Liegendes	Kristallines Grundgebirge

Der Speicher liegt zwischen 3300 und 3500 m Teufe. Bis Anfang April 1960 wurden 55 Bohrungen niedergebracht, von denen 52 fündig waren. Ihre Produktivität weicht entsprechend den lithologischen Unregelmäßigkeiten der Speicher weitgehend voneinander ab. Alle produzierenden Sonden stehen in eruptiver Förderung unter natürlichem Gastrieb. Die bisher abgeteuften Bohrungen haben Abstände von 5—10 km. Der Abstand soll später auf 2,5 km herabgesetzt werden. E.

Erdölfunde im Iran

Die Bohrung Binak 1, die etwa 30 km von der Küste des Persischen Golfes entfernt nordwestlich des Hafens Ganaweh auf der Kuh-i-Bang-Struktur angesetzt worden war, eruptierte bei einer Endteufe von 3298 m bei Förderversuchen 600—850 t leichtes Rohöl in 24 Stunden aus einem Kreidehorizont. Man nimmt an, ein neues großes Erdölfeld gefunden zu haben.

Die Bohrung Saradjeh östlich von Kum eruptierte aus 2600 m Teufe bei freiem Querschnitt etwa 400 t Rohöl pro Tag. E.

Nigerische Erdölförderung

Bis Ende 1960 soll die nigerische Erdölförderung, die gegenwärtig rund 2000 t pro Tag beträgt, verdoppelt werden. 1961 wird mit einer Tagesförderung von 7000 t gerechnet. Innerhalb von weiteren zehn Jahren soll Nigeria mit einer Jahresförderung von 10 Mill. t zu den zehn bedeutendsten Ölländern der Welt gehören.

-Z-

Erdölkonzession in Mauretanien

Die Regierung von Mauretanien hat im Westen des Landes zwei größere Konzessionen vergeben. Die eine umfaßt 38500 qm und liegt im Gebiet von Port Etienne. Ein Drittel des höffigen Gebietes liegt in dem der Küste vorgelagerten Schelfgebiet. Das zweite Konzessionsgebiet befindet sich am Nuakschott und umfaßt 29500 km².

E.

Kohle

Westeuropäische Steinkohlenförderung

	(in Mill. t)			Differenz in %	
	1957	1958	1959	1959/58	1959/57
Westdeutschland	133,2	132,6	125,6	− 5,3	− 5,7
Saarland	16,5	16,4	16,2	− 1,1	− 1,3
Belgien	29,1	27,1	22,8	−15,9	−21,8
Frankreich	56,8	57,7	57,6	− 0,2	+ 1,4
Italien	1,0	0,7	0,7	+ 2,2	−27,2
Niederlande	11,4	11,9	12,0	+ 0,8	+ 5,3
Insgesamt	247,9	246,4	234,9	− 3,1	− 5,2

Nach Mitteilung der „Europäischen Gemeinschaft für Kohle und Stahl" – Hohe Behörde, Luxemburg, 1. Februar 1960.

Braunkohlenerkundung in Griechenland

Nördlich von Megalopolis (Griechenland) wurden zwei neue Braunkohlen- und ein Gasvorkommen entdeckt. Die Untersuchungsmethode bestand in einer Kombination von Detailkartierungen im Gelände, von Bohrungen und exakter wissenschaftlicher Auswertung der Bohrproben an Ort und Stelle. Hierzu war ein Feldlaboratorium für mikropaläontologische und chemische Analysen errichtet worden. Die sofortige Auswertung der Bohrproben ermöglichte rasche Entscheidungen bezüglich des Ansatzes oder der Stillegung von Bohrungen und führte zu schnellen Ergebnissen.

E.

Erze

Aus der amerikanischen Stahlindustrie

Beim normalen Verbrauch benötigt die Wirtschaft der USA etwa 80% der vorhandenen Eisen- und Stahlwerkskapazität. Die überschüssigen 20% dienen als Reserve für Konjunkturzeiten. Ende Mai 1960 betrug die Ausnutzungsquote 67%. Ein Sinken unter 50% Ausnutzung der vorhandenen Werke würde zu erheblichen Krisenerscheinungen führen. Die Produktionshöhe ändert sich je nach den vorliegenden Aufträgen von Woche zu Woche. Die Beschäftigungszahl wird je nach Bedarf kurzfristig verändert. Die derzeitige Rohstahlkapazität erreicht etwa 135 Mill. jato. Die meisten amerikanischen Stahlwerke verfügen über eigene Kohlen- und Erzbergwerke, Kokereien und eine weitgehende Stahlverarbeitung. E.

Kupfererzförderung in Kurbnesh (Nordalbanien)

Nach „Zeri i Popullit" (Tirana) vom 26. 5. 60 nahm in Nordalbanien die Grube Kurbnesh die Kupfererzförderung auf. Mitte 1958 war mit ihrer Anlage begonnen worden. In der Aufbereitung können täglich 500 t Erz verarbeitet werden, aus denen 40 t Kupferkonzentrat (= 8 t reines Kupfer) und 230 t Magnetkieskonzentrate gewonnen werden. Der Industriekomplex umfaßt Grube, Aufbereitung, Kraftstation, Pumpwerk und einen Staudamm von 380 m Länge, 20 m Breite und einer Höhe von 6–8 m. Der Staudamm und die Filtrieranlage wurden von Spezialisten aus der DDR projektiert und gebaut. Ebenso wurde ein Teil der maschinellen Einrichtungen aus der DDR geliefert. E.

Salze, Steine und Erden

Flußspat und Schwerspat in der DDR

Nach der „Wirtschaft" vom 25. 5. 60 ist die Deutsche Demokratische Republik an den gesamtdeutschen Flußspatvorräten mit mehr als 60%, an den europäischen mit 20% und an den Weltvorräten mit 5% beteiligt. Der Hauptteil unserer Flußspatvorkommen (32,5%) liegt im Gebiet von Ilmenau–Gehren. 40% der erkundeten Schwerspatvorräte entfallen auf den Raum Schmalkalden. Von der Flußspatproduktion wird über die Hälfte exportiert. Die Schwerspatgewinnung findet ausschließlich in unserer volkseigenen Industrie Verwendung. Ihr Verbrauch hat sich seit 1953 verdoppelt. E.

Phosphatvorkommen in Brasilien

Im Bezirk Olinda (Staat Pernambuco) wurden Phosphatvorkommen festgestellt, deren Vorräte von amtlicher Seite mit ca. 50 Mill. t angegeben wurden. Man nimmt an, daß erst ein Teil der vorhandenen Vorkommen bekannt ist. Es wurde daher die Abteilung für Geologie und Mineralogie im brasilianischen Landwirtschaftsministerium beauftragt, eine systematische Kartierung und geologische Untersuchung im Nordosten des Staates Pernambuco durchzuführen. E.

Magnesitverarbeitung in Griechenland

Nach Mitteilung der Bergwerkskommission im griechischen Industrieministerium wird im nördlichen Teil der Insel Euböa ein neues Magnesitwerk errichtet. Es sollen 20000 t kaustischer Magnesit und Sintermagnesit produziert werden. Die gesamten Magnesitvorräte Griechenlands werden auf mehrere Mill. t geschätzt. Gegenwärtig werden jährlich über 100000 t Rohmagnesit verarbeitet. Nach Ansicht des Ministeriums könnte die Produktion an gebranntem Magnesit ohne Schwierigkeiten verdreifacht werden. E.

Andalusit – Kyanit

Sowjetische Geologen haben im Rudny Altai (Ostkasachstan) große Vorkommen von bauwürdigem Andalusit und Kyanit entdeckt. Das Erz kann als Ausgangsstoff für Tonerde oder für die Aluminiumlegierung Silium dienen. Versuche ergaben, daß Silium durch Elektrolyse unter Überspringen der Tonerdestufe direkt aus den Andalusit/Kyanit-Konzentraten gewonnen werden kann. E.

Sonstiges

Bromgewinnung in Israel

Die Bromgewinnung Israels soll im laufenden Jahr auf 4000 t gebracht werden. Bisher wurden jährlich gegen 2000 t gewonnen. Israel ist der drittgrößte Bromexporteur der Welt. Die Vorkommen des Landes zählen zu den reichsten, die es überhaupt gibt. Zur Zeit werden etwa 450 $ für die Tonne bezahlt. Auf dem Weltmarkt herrscht steigende Nachfrage nach Brom, das unter anderem für Insektizide sowie als Antiklopfmittel für hochwertige Treibstoffe gebraucht wird.

E.

Geologische Sucharbeiten in Laos

In Laos führen französische Geologen ausgedehnte Lagerstättenuntersuchungen durch. Die Arbeiten wurden durch den Mangel an Bohrleuten behindert. Diese mußten erst in Thailand angeworben werden. Zu den Aufgabengebieten der Erkundungstrupps gehören Feststellung der Ausdehnung der Kohlenvorkommen von Vientiane, Luang-Prabang und Saravan, der Bleiglanzlagerstätten von Tchepone (Südlaos), der Kupfervorkommen von Passak (Südlaos) und Ban Naoo (Nordlaos), der Gold- und Saphirseifen im oberen Menkongtal usw.

Ferner soll die Erkundungsgruppe feststellen, ob sich die am siamesischen Ufer des Menkong auftretenden Eisen- und hochgradigen Manganerze, die seit kurzem abgebaut werden, in der Nähe von Paklay zwischen Luang-Prabang und Vientiane auf laotisches Gebiet erstrecken.

E.

Höchste Talsperre der Erde

Bei dem Ort Nurch im Pamir wird durch „Hydroenergoprojekt" Moskau zur Zeit der höchste Staudamm der Erde projektiert. Im Fluß Wachsch ist eine Talsperre vorgesehen, die 300 m hoch werden soll. Der Stausee wird 47 km lang sein und über 8 Mrd. m³ Wasser fassen. Zwei Varianten stehen z. Zt. zur Diskussion, und zwar einmal die Ausführung des Projektes als Bogenmauer und zweitens der Bau eines Steinschüttdammes mit 65 Mill. m³ Schüttmassen.

Von besonderem ingenieurgeologischem Interesse ist die Tatsache, daß die Baustelle in einem durch Erdbeben gefährdeten Gebiet liegt.

Das Bauwerk dient der Energiegewinnung und soll große Teile Asiens mit Strom versorgen, wie die Tadshikistanische, die Turkmenische, die Usbekische und die südlichen Teile der Kasachstanischen und Kirgisischen SSR. REUTER

Tunnel unter dem Kaspischen Meer

Die Städte Baku und Krasnowodsk sollen jetzt durch einen 200 m langen untermeerischen Tunnel verbunden werden. Der Bau dieses Tunnels, der eine Autostraße und eine Eisenbahnlinie aufnehmen soll, wird 5 bis 7 Jahre dauern. Er soll den Transport wichtiger Rohstoffe zwischen beiden Städten erleichtern. Die Tiefe des Meeres wird an dieser Stelle mit 200 m angegeben. Ein weiterer Tunnelbau ist zwischen dem Schwarzen und dem Asowschen Meer geplant. KLARNER

Edelmetallpreise

Von der International Nickel Company in Sudbury wurden folgende Preise für Edelmetalle genannt:

Rhodium	140	$ pro Unze
Platin	84	$ „ „
Iridium	75	$ „ „
Ruthenium	55	$ „ „
Gold	35	$ „ „
Silber	90	cts. pro Unze

Rhodium wird für Reflektoren und als Überzug für Silberwaren benutzt, die dann nicht mehr fleckig werden. Iridium wird für Impfnadeln, Füllfederspitzen und andere Zwecke verwertet, für die seine Härte ausschlaggebend ist. Ruthenium dient zum Härten von Platin und wird für Grammophonnadeln und Spitzen von Magneten verwendet. E.

Reorganisation der noch unter französischem Einfluß stehenden Geologischen Dienste Afrikas

Im letzten Jahr, in dem mit mehr oder weniger Selbständigkeit eine Reihe ehemaliger Kolonialgebiete aus dem früheren französischen Kolonialreich ausgeschieden sind, haben sich auch die Geologischen Dienste dieser Staaten neu organisiert.

Islamitische Republik Mauretanien: Der Ministerrat beschloß, Ende Dezember 1959 die Bildung einer geologischen Sektion, die für die Aufstellung der Pläne und für die Kontrolle der geologischen Forschungen und Sucharbeiten verantwortlich ist.

Mali-Förderation: Beim Ministerium für öffentliche Dienste, Transport und Bergwerke wurde ein Dienst für Bergbau und Geologie gebildet. Er besteht aus drei Abteilungen, und zwar je einer Abteilung für Bergwirtschaft, für Hydrogeologie und für Prospektion. Die erste Abteilung leitet ein Bergingenieur, die zweite ein Geologe und die dritte ein Geologieingenieur.

Republik Madagaskar: Bei der Direktion für Bergbau und Energie wurden ein Bergbaulicher Dienst, ein Geologischer Dienst und ein Laboratorium zur Analysierung von Proben gebildet. Der Bergbauliche Dienst hat seine Zentrale in Tananarive und unterhält Arbeitsstellen in den wichtigsten Bergbaurevieren. Es besteht weiter ein Beratendes Bergbauliches Kommitee, dessen Vorsitzender der Minister für Bergbau und Energie ist.

Elfenbeinküste: Unter Leitung des Ministeriums für Finanzen verwaltet der Staatssekretär für Industrie und Planung die geologischen Belange. Dem Staatssekretariat sind der Bergbauliche Dienst und der Dienst für Geologie und Lagerstättenforschung angegliedert. Lediglich der Mineralogische Dienst gehört in den Bereich des Ministeriums für öffentliche Arbeiten.

Zentralafrikanische Republik: Der Bergbauliche Dienst ist dem Minister für öffentliche Arbeiten, Transport und Bergbau unterstellt. Er erteilt Schürf- und Abbaukonzessionen, sammelt und verwaltet die statistische, geologische und lagerstättenkundliche Dokumentation der Bergbaugebiete.

Republik Tschad: Der Bergbauliche Dienst ist dem Minister für öffentliche Arbeiten unterstellt. Er nimmt teil an fiskalischen Entscheidungen und betreut die Bergwerksanlagen.

Kamerun: Die Direktion für Bergbau und Geologie ist dem Ministerium für Volkswirtschaft angegliedert. Sie hat die Aufgabe, für eine systematische Durchforschung des Landes nach Lagerstätten, für seine hydrogeologische Erkundung und für einen kontrollierten Abbau der mineralischen Rohstoffvorräte zu sorgen. Die geologische Sektion ist vor allem mit der Prospektion von Erzlagerstätten und der Herstellung von chemischen Analysen eingesandter Proben beschäftigt. E.

Geowissenschaftliches Referentenmaterial

Nach den „Mitteilungen der Gesellschaft zur Verbreitung wissenschaftlicher Kenntnisse", H. 6, 1960, S. 24, sind von der Sektion Geowissenschaften unter anderem folgende Referentenmaterialien herausgegeben worden bzw. ist ihre Herausgabe geplant (in Klammern die Sektion, die das Material zusammenstellte):

Erdöl- und Erdgaserzeugung in der DDR, mit Dia-Serie (Zentrale Sektion)
Erdölmaterial (Bezirkssektion Halle)
Entstehung und Zusammensetzung des Mansfelder Kupferschiefers (Bezirkssektion Halle)
Das Wasser, ein wichtiger Rohstoff (Bezirkssektion Halle)
Kalidüngemittel und wo sie herkommen (Bezirkssektion Halle)
Entstehung, Gewinnung und Bedeutung der mitteldeutschen Braunkohlen (Bezirkssektion Halle)
Die geologischen Vorkommen „Steine und Erden" im Bezirk Halle als Rohstoffgrundlage für die keramische und Bauindustrie (Bezirkssektion Halle)
Rappbodetalsperre, Dia-Serie (Bezirkssektion Erfurt)

In Vorbereitung sind:

Rohstofflagerstätten der DDR und ihre Erschließungsperspektiven, mit Dia-Serie (Zentrale Sektion)
Geologische Voraussetzungen des Steinkohlenbergbaus (Bezirkssektion Karl-Marx-Stadt)
Bernstein, Gold der Ostseeküste (Bezirkssektion Rostock)
Die Rügensche Schreibkreide und ihre Verwertung (Bezirkssektion Rostock)
Die Entstehung des Ostseeraumes (Bezirkssektion Rostock)

Von der Sektion Chemie der Gebietssektion Wismut wurde Referentenmaterial zu dem Thema „Kalk, ein unersetzliches Düngemittel, ein unentbehrlicher Baustoff und ein wichtiger Hilfsstoff für die Herstellung chemischer Erzeugnisse" herausgegeben.

E.

Radioaktive Abfälle im Grönlandeis

Mitte Januar 1960 fand in Zürich ein Kolloquium über das Thema „Beseitigung radioaktiver Abfälle in den Eiskappen der Erde" statt. Prof. Dr. R. HAEFELI vertrat den Standpunkt, daß in den bis zu 3000 m mächtig werdenden Eismassen im Innern Grönlands praktisch keine Gleitbewegung mehr stattfindet.

Der Hauptreferent, Dr. B. PHILBERT, München, betonte, daß durch eine beschränkte Beseitigungsmöglichkeit hochradioaktiver Spaltprodukte die Atomkernnutzung empfindlich begrenzt werden könne. Durch die Lagerung von hochradioaktiven Abfällen auf dem Festland oder durch ihre Versenkung ins Meer droht die Gefahr einer Strahlenverseuchung der Atmosphäre.

Nach „Gas- und Wasserfach" Jg. 101 (1960), S. 404, führte der Referent weiter aus:

„Um dieser Bedrohung entgehen zu können, wird nun von Experten vorgeschlagen, die zu beseitigenden radioaktiven Abfallsubstanzen in bombenförmige Behälter zu verstauen, diese per Flugzeug nach Grönland zu transportieren und dort aus der Luft auf das Eis abzuwerfen; der Beschaffenheit des Grönlandeises entsprechend würden die Bomben genügend weit in dieses eindringen, daß auch bei Beschädigungen keine radioaktiven Emanationen in die Atmosphäre gelangen könnten.

Nach heutigen wissenschaftlichen Erkenntnissen ist eine Einschlußzeit der Bomben im grönländischen Inlandeis von mehr als 30000 Jahren gewährleistet, ein Zeitraum innerhalb welchem auch die gefährlichsten radioaktiven Spaltisotope genügend zerfallen sein werden, um für die Menschheit keine Gefahr mehr zu bedeuten."

Wie der Referent weiter ausführte, rechnet man nach Angaben der USA-Atomenergiekommission mit einem Weltanfall von radioaktiven Abfallprodukten von 100000 t im Jahre 1965, von 10 Mill. t im Jahre 2000. Da infolge Wärmeentwicklung im Innern der Abfallbomben die einzelnen Bomben nicht zu nahe aufeinander ins Eis versenkt werden dürften, müßte man in Grönland, unter Berücksichtigung der radioaktiven Halbwertzeiten, ein Gesamtareal von rd. 30000 km² für derartige Einlagerungen reservieren.

Der Referent verhehlte nicht, daß der Transport von radioaktivem Abfall per Flugzeug verschiedene Gefahrenmomente in sich birgt, da z. B. durch Absturz des Flugzeuges oder Ausklinken der Bomben über bewohntem Gebiet bedeutende radioaktive Verseuchungen auftreten könnten. Der Lufttransport würde dann genügend Sicherheiten bieten, wenn die Reaktorstationen mit eigenen Flugplätzen ausgerüstet und so angelegt würden, daß die Flugzeuge nur unbesiedeltes Gebiet zu überfliegen brauchten. Kostenmäßig wäre der Transport nach Grönland bei steigender Kernproduktion und zunehmender Rationalisierung, verglichen mit der Ablagerung auf dem Land oder im Meer, durchaus tragbar. Vom Sicherheitsaspekt aus wäre dieser Lösung unbedingt der Vorzug zu geben. e.

Radioaktives Abwasser

Mit wassertechnischen Maßnahmen für radioaktives Abwasser, das in Atomreaktoren, Instituten, Kliniken, Fabriken und Anlagen für die Gewinnung und Aufbereitung der Kernbrennstoffe entsteht, beschäftigen sich in Westdeutschland vor allem:

die Internationale Kommission für Strahlenschutz (ICRP),
die Europäische Atomgemeinschaft (EAG),
die Deutsche Atomkommission (DAK) und
die Kommission „Radioaktive Substanzen und Wasser" der Fach- und Wirtschaftsverbände der Wasserversorgung und des Abwasserwesens.

Die Internationale Strahlenschutzkommission hat ihre Arbeitsergebnisse in den sogenannten ICRP-Empfehlungen veröffentlicht. Diese enthalten u. a. die für das Trinkwasser geltenden maximal zulässigen Konzentrationen radioaktiver Stoffe (= MZK-Werte), die für über 200 Einzelisotope errechnet wurden. Auf diesen ICRP-Richtlinien basieren die sogenannten EAG-Grundnormen vom 2. 2. 1959 für den Gesundheitsschutz der Bevölkerung und der Arbeitskräfte. In dem Vertrag über die Bildung der Europäischen Atomgemeinschaft verpflichteten sich die Mitgliedsstaaten u. a., die für die Überwachung des Wassers notwendigen Einrichtungen zu schaffen und die Meßergebnisse der EAG mitzuteilen.

Von der Kommission „Radioaktive Substanzen und Wasser" wurde ein einheitliches Meßverfahren der tatsächlichen Aktivitätswerte in Wasser und Abwässern ausgearbeitet, das z. Zt. an etwa 30 Meßstellen zur Überwachung des Roh- und Trinkwassers in Westdeutschland angewandt wird. Ein Teil dieser Meßergebnisse wird in den Berichten des vom Bundestag eingesetzten „Sonderausschusses Radioaktivität" in Frankfurt (Main) veröffentlicht. Weiterhin ist die Schaffung neuer Meßstellen und eine Überprüfung und Fortentwicklung der Reinigungsmethoden geplant. -Z-

Bekämpfung der Bodenerosion

In den Löß-Hochländern am Mittellauf des Gelben Flusses liegt das größte durch Bodenerosion bedrohte Gebiet der Welt (ca. 430000 km²). In den letzten 35 Jahren sind jährlich etwa 1,4 Milliarden t Lößschlamm in den Gelben Fluß gespült worden. Diese Menge würde ausreichen, um einen Damm von 23 m Breite und 1 m Höhe um den Äquator zu legen. In Shensi, der am stärksten durch Bodenerosionen bedrohten Provinz, wurden etwa 3 Mill. ha mit Bäumen bepflanzt. Etwa 21% des von der Bodenerosion bedrohten Gebiets sind jetzt bestockt. In der Wüstenregion, die ein Drittel des Yulin-Bezirkes in Nordshensi einnimmt, konnte mehr als die Hälfte des Territoriums durch Aufforstung sowie durch ein Netzwerk von Aufstauungen und Bewässerungsgräben in Oasen umgewandelt werden. In den letzten 500 Jahren mußte die Stadt Yulin dreimal verlegt werden, um nicht von den anrückenden Dünen verschüttet zu werden. In Südost-Shensi wurden 8000 Erosionsschluchten durch Bepflanzung mit Walnußbäumen befestigt. E.

Kurznachrichten

Mit **sowjetischer Hilfe** sollen auf einer Fläche von 400 km² im **Irak** seismische Erkundungsarbeiten durchgeführt werden.

Westlich des alten **Ölfeldes Reitbrook** ist man in Kirchwerder nahe der Gose-Elbe in 1850 m Teufe fündig geworden. Bei Produktionsversuchen förderte die Sonde eruptiv 15 tato.

Am 11. 5. 1960 wurde durch Präsident TITO das reichste **Erdölfeld Jugoslawiens** bei Sisak in Kroatien eröffnet. Für 1960 rechnet man mit einer Förderung von 300000, für 1961 mit einer solchen von ca. 1. Mill. t Rohöl.

In Cortemaggiore (**Poebene**) werden täglich 3 Mill. m³ **Rohgas** zu 150 t Benzin, 120 t Propan und Butan, 20 t Petroleum, 20 t Rückstände und 2,85 Mill. m³ Methangas von 9200 kcal./Nm³ verarbeitet.

Die **mitteldeutschen Hydrier-** und **Synthesewerke** stellten 1959 1133500 t Dieselkraftstoff und 642000 t Motorenbenzin her.

Das **mittelsibirische Braunkohlen**becken von Kansk-Atschinsk soll in etwa 20 Jahren jährlich rund 230 Mill. t Braunkohle liefern, das ist ungefähr die Hälfte der gegenwärtigen Kohlenförderung der gesamten UdSSR.

In **Jugoslawien** betrug 1959 die Förderung an Braunkohle und halbharter Kohle 157000 t. In einigen Jahren soll die **Kohlenförderung**, die für 1960 auf 22,5 Mill. t geschätzt wird, jährlich 28 Mill. t betragen.

Östlich des **Urals** ist eine neue **Magnetanomalie** am Flusse Pija festgestellt worden. Die im Tagebau gewinnbaren Eisenerze haben einen Fe-Gehalt von ca. 50%.

Kirgisische Geologen entdeckten im Tienshan ein **Eisenerz**vorkommen mit ca. 5 Mrd. t prognostischer Vorräte mit 33% Fe.

Brasilien exportiert 1960 700000 t **Eisenerz** mit einem Fe-Gehalt von 68,5% nach Japan. Der Preis soll 11,25 $ pro t betragen.

Die **indische Chromitproduktion** wird für 1959 auf 85000 t geschätzt und betrug somit 33% mehr als die des Jahres 1958 (64000 t).

Das neue **Titanbergwerk** in Tellnes/**Norwegen**, das sich auf Ilmenitvorkommen von 350 Mill. t stützen kann, verfügt über eine Kapazität von 1 Mill. t Roherz, aus denen 300000 t Ilmenitkonzentrate gewonnen werden.

Die **albanische** Produktion von Ferro-**Nickel** erreichte 1959 etwa 167000 t.

Die **Nickellagerstätten** von Cibao in der **dominikanischen Republik**, deren prognostische Vorräte auf 100 Mill. t Erz veranschlagt werden, sind in Aufschließung begriffen.

Jugoslawiens Aluminiumproduktion soll 1960 24000 t betragen. Die Gewinnung von Bauxit wird sich auf ca. 812000 t belaufen. Bis 1980 ist eine Steigerung der Produktion von Bauxit auf 3,9 Mill. t und von Aluminium auf 550000 t geplant.

Australien will in den nächsten fünf Jahren 1,25 Mill. t **Bauxit** nach Japan exportieren.

Die **Goldgewinnung Kanadas** belief sich 1959 auf 4,44 Mill. Feinunzen gegenüber 4,57 Mill. im Vorjahr. Kanada steht in der Goldgewinnung der westlichen Welt an zweiter Stelle hinter Südafrika.

Das **Gipsschwefelsäurewerk Coswig** nahm im Mai 1960 die Produktion auf, die bis Ende des Jahres je 80000 t Schwefelsäure und Portlandzement erreichen wird.

Die **italienische Schwefelerzeugung** blieb 1959 mit 121186 t um rd. 24% hinter der Vorjahresproduktion von 161311 t Rohschwefel zurück.

Im Gebiet von **Jakutsk** sind in den letzten Jahren 9 Mill. Karat **Rohdiamanten**, vorwiegend Industriediamanten, aus über 20 Lagerstätten gefördert worden.

Zwischen **Baku** und den Bohrinseln im Kaspischen Meer wurde der **Berufsverkehr** durch **Hubschrauber** aufgenommen.

In den nächsten Heften der

Zeitschrift für angewandte Geologie

erscheinen u. a. folgende Beiträge:

M. MICHALÍČEK & R. KVĚT: Genesis der Mineralwässer und ihre Auswertung für die Prospektion auf Erdöl und Erdgas (Teil I)

M. KURZE: Einige Bemerkungen zur Stratigraphie und Petrographie der gasführenden Sandsteine im Nordteil der Sangerhäuser Mulde

I. I. GINSBURG: Geochemische Erkundung von Metallen

W. SCHULZ: Die natürliche Verbreitung des Ostseebernsteins und das Bernsteinvorkommen von Stubbenfelde (Usedom)

G. FRIESE: Beitrag zur Kalkstein- und Dolomitanalyse

K. DETTE: Erkundungsarbeiten auf Kupferschiefer

H. BOLDUAN, P. RICHTER & G. TISCHENDORF: Die Ergebnisse von Untersuchungsarbeiten auf Baryt im Gebiet vom Schneckenstein (Vogtland)

M. HANNEMANN & H. RADTKE: Frühglaziale Ausräumungszonen in Südostbrandenburg

A. N. SNARSKY: Verteilung von Erdgas, Erdöl und Wasser im Profil

F. WEGERT: Zur Definition und Klassifizierung einiger erdölgeologischer Begriffe

Herausgeber: Staatliche Geologische Kommission und Zentrale Vorratskommission für mineralische Rohstoffe der Deutschen Demokratischen Republik. Chefredakteur: Prof. Dr. Erich Lange, Berlin. Redaktion: Berlin N 4, Invalidenstraße 44. Verlag: Akademie-Verlag GmbH, Berlin W 8, Leipziger Straße 3—4 (Fernsprecher 220441, Postscheckkonto: Berlin 35021) Bestellnummer des Heftes 1047/6/11. Die „Zeitschrift für angewandte Geologie" erscheint monatlich. Bezugspreis 2,— DM je Heft. — Satz und Druck: Druckhaus „Maxim Gorki", Altenburg. Veröffentlicht unter der Lizenznummer ZLN 5008 des Ministeriums für Kultur, Hauptverwaltung Verlagswesen. Karten: MdI der DDR Nr. 5577, 5787, 5967/K 11.
Printed in Germany